Dani Manchado

Electrónica y Radio para Principiantes (Y Curiosos)

ISBN: 9798572321869
© 2020 Dani Manchado, EB1AG
Con la colaboración de Javier Solans, EA3GCY
Todos los derechos reservados

Electrónica y Radio para Principiantes (Y Curiosos)

Prohibida toda copia, analógica o digital, distribución, comunicación pública y transformación del contenido de esta obra sin la expresa autorización de sus titulares.

Electrónica y Radio
Para Principiantes (Y Curiosos)

Dani Manchado, EB1AG/W7NDN

Electrónica y Radio para Principiantes (Y Curiosos)

Dani Manchado

Siendo aún un niño, cayó en mis manos el libro "Construcción de emisoras típicas de radioaficionado" de W2MDL y W2PIK editado en 1967 y propiedad de mi padre.
Desde entonces comencé a descubrir, no solamente la radio, sino también la electrónica, construyendo pequeños circuitos que intentaban imitar lo que en ese libro se exponía.
A día de hoy, conservo esas páginas como oro en paño. Por eso, Papá, este libro está dedicado a ti.

Índice de contenidos

Introducción, por Javier Solans, EA3GCY	10
1 – Antes de hacer o leer nada	14
2 – Nociones sobre electricidad y corriente continua	18
3 – Nuestras amigas las resistencias	34
4 – Alternando la corriente… Corriente Alterna	50
5 – Mis colegas los condensadores	60
6 – Enrollándonos con las bobinas	74
7 – Los casi conductores, bueno, Semiconductores	86
8 - ¡Vamos a comer! La Fuente de Alimentación	102
9 – Estaño, soldador y plaquillas	122
10 – Diodinos, diodetes y más diodos	140
11 – Los que van de un lado a otro, Osciladores.	148
12 – DeeJay Mixers… Mezcladores	170
13 – Mejorando nuestros equipos	188
14 – Nos hacemos antenistas	214
15 – Montando un transceptor. EL Kit MFT-40	248

Anexo 1
Valores estándar de resistencias y condensadores   262

Anexo 2
Esquema y componentes Kit MFT-40   266

Índice Completo   275

Dani Manchado

INTRODUCCIÓN

Cuando Dani Machado me envió el borrador de este libro para que le diera mi opinión me llevé una grata sorpresa. Tan pronto pude, me puse a leerlo con atención, enseguida empezaron a pasar por mi mente las imágenes de los primeros libros de radio que leía allá por los 70 cuando tan solo era un adolescente y ya intentaba construir algún aparato de radio. Muchos de esos libros aún mostraban a las válvulas como componentes fundamentales, pero muy pronto estuvimos sumergidos en los transistores y ya casi de inmediato en los circuitos integrados.

El título del libro, "Electrónica y Radio para principiantes y curiosos" es muy acertado. Creo que Dani ha dado en el clavo; introducirse en la electrónica de la radio es un objetivo garantizado con este libro para cualquier curioso que quiera entrar en el "fascinante" mundo de la radioafición.

En mi opinión, las nuevas generaciones de radioaficionados ya no se sienten atraídas por esta afición solo por tratarse de un medio de comunicación y/o entretenimiento, sino por la magia que conlleva la experimentación electrónica con las señales electromagnéticas.

¡Qué diferente es usar un equipo transceptor construido por nosotros mismos a uno comprado en un comercio! Una sensación indescriptible se apodera de nosotros cada vez que ponemos en el aire un nuevo equipo de radio construido con nuestras manos. Ese primer comunicado con nuestro flamante equipo acabado de montar es inolvidable.

Qué duda cabe que el creciente auge que tuvo la radioafición en España desde los años 60 hasta bien entrados los 90 ha ido decayendo progresivamente. La telefonía móvil, internet, y la reciente implantación de las redes sociales ha hecho que la radioafición ya no sea una opción de entretenimiento o comunicación para los que quieren charlar con los amigos o para los que buscan un sistema de comunicación privado.

Sin embargo, la radioafición, además del entretenimiento que ofrecerealizando comunicados "DX" (a larga distancia), concursos nacionales e internacionales, contactos en "QRP" (muy baja potencia), contactos en modos digitales, o incluso el uso de la CW (telegrafía con el código morse), sigue teniendo gran interés para los aficionados a la experimentación. Pocas facetas de la electrónica permiten tanta experimentación real y ofrecen tanta "aventura" técnica como la radio. Desde el montaje de accesorios, receptores, transmisores, hasta las innumerables experiencias con antenas, la radioafición es ahora una de las posibilidades más potentes para el que quiera quemarse los dedos con el soldador. No se trata de enchufar placas, módulos, periféricos y cables entre ellos, sino de soldar componentes uno a uno en una placa, entender su funcionamiento, ponerlo todo en marcha y ajustarlo. Montar los cables de conexión, construir una antena e izarla para recibir y enviar nuestras señales hacia quien sabe dónde. Sin ningún sistema de cableado, ni fibra óptica, ni reemisores telefónicos, ni satélites, solo nuestra humilde señal generada por nuestro propio montaje electrónico y nuestra antena llegando a cientos o miles de kilómetros... ¿No es apasionante?

Muchas veces, los neófitos emprenden la construcción de circuitos de radio procedentes de revistas o sitios de internet y no consiguen ponerlos en marcha. Se llevan una decepción, una frustración que puede que les quite las ganas de seguir experimentando con la radio. Estoy convencido que con este libro Dani conseguirá lo contrario. Con un lenguaje muy claro y divertido el libro lleva de la mano al lector, los primeros capítulos explican como son y qué misión cumplen los componentes electrónicos fundamentales, a continuación, muestra los fundamentos teóricos de los receptores y de los transmisores y después, da las premisas necesarias para emprender los primeros montajes electrónicos, desde la soldadura hasta la fabricación de nuestras propias placas de circuito impreso. En el último capítulo se propone la construcción de un sencillo pero totalmente operativo transceptor (receptor-transmisor) en kit para la banda de los 40 metros que resultará una delicia para los lectores más avispados que quieran llevar a la práctica el 100% de los conocimientos adquiridos en el libro.Mención especial merece el capítulo dedicado a las antenas y a sus accesorios. Este capítulo nos introduce de forma muy sencilla en la teoría de las antenas para continuar describiendo las más comúnmente usadas en radio e incluso se dan los datos necesarios para construir alguna de ellas que podrá ser instalada en nuestra estación.

    Ha sido un placer para mí haber podido colaborar en este libro con algún pequeño detalle y que Dani me haya ofrecido la oportunidad de escribir estas líneas para el prólogo.

    Que disfrutéis con el libro, y recordad: ¡siempre con el soldador a punto!

Javier Solans Badia, EA3GCY
ea3gcy@gmail.com

Dani Manchado

CAPÍTULO 1
Antes de comenzar a hacer o leer nada

Si tenéis este libro en las manos, es por dos sencillas razones:

- Te interesa la electrónica
- Te gusta la radio

¿Y qué quiere decir esto? Pues una sola cosa... Que eres un verdadero *Radioaficionado*, ya que por fin entenderemos cómo funcionan nuestros aparatos por dentro. Y queráis o no, eso es ser... un radioaficionado.

A ver... una cosa no quita la otra. Podremos realizar los más largos comunicados con las entidades más pintorescas, que sí, seguiréis siendo radioaficionados... pero faltaría algo... ese algo que caracteriza a nuestro hobby desde sus inicios, allá cuando si querías tener una estación de radio no quedaba otro remedio que construirse uno mismo los equipos.

El caso, en este libro iremos viendo la electrónica como algo natural, como el que lee una novela. Nos irán apareciendo distintos conceptos, componentes y circuitos según los vayamos necesitando.

El contenido no pretende que os saquéis un grado en ingeniería, pero si entender a esas ciudades de aparatejos que forman nuestras emisoras de radio, sus tripas, sus circuitos.

Durante el texto que iréis leyendo, y sobre todo al principio, irán apareciendo fórmulas matemáticas que al final, en la vida práctica, casi no usamos. Pero hay que saberlas, o al menos, tenerlas a mano en determinadas circunstancias.

Pero no os preocupéis, ya que me he currado (Ufff) un programilla para ordenadores Windows con el que ir resolviendo estas situaciones (Las fórmulas, vaya). Se llama *Hiper Calculadora* (Lo primero que se me pasó por la cabeza), y podrás descargarlo desde la siguiente dirección de internet:

http://goo.gl/wwS1jL

También irán apareciendo distintos iconos al lado de los textos para indicarnos que algo es importante. Estos son:

CONSEJO

Algo que no es obligatorio del todo, pero que pienso que debes de tener en cuenta.

CUIDADO

Si no haces lo que se te indica, podrás estropear un circuito, quemar una emisora, provocar una guerra en Europa... esas cosas...

RECUERDA

Algo importante que conviene que guardes en un lugar profundo de tu memoria.

TÉCNICO

Son palabras o textos que quizás puedan sonarte raro, sobre todo al principio. No os desaniméis e intentad entenderlo.

Pues nada. Simplemente deseo que podáis aprender mucho de estas páginas y que con ellas consigáis fabricaros vuestro primer transceptor y presumir de ello ante vuestros colegas.

¡Adelante!

Dani Manchado

CAPÍTULO 2

Nociones sobre electricidad y corriente continua

Pero... ¿Qué es la electricidad?

¡Buena pregunta! Todo el mundo habla de ella y sabemos que la tenemos en los enchufes de casa y que los electrodomésticos la necesitan... pero ¿Qué es?

La electricidad es una energía que se encuentra en la naturaleza, por ejemplo, en los rayos. Y que además, podremos generarla a partir de otras energías, como en una linterna de esas que hay que agitar para que alumbre: convertimos la energía del movimiento de la mano en energía eléctrica para que pueda encenderse la luz, ya que las bombillas usan electricidad para encenderse.

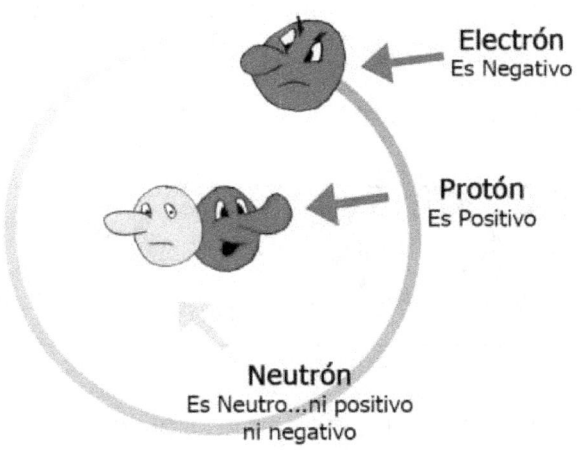

¡Átomo!

Aunque tenga nombre de superhéroe, no es exactamente eso, es algo diferente, pero que sí que es muy interesante. Os voy a hablar sobre unas cosas muy chiquititas que se llaman *átomos*. La materia (Cualquier cosa que hay en el Universo) está formada por estas diminutas cosas, y son tan pequeñas, que solamente pueden ser vistas por potentes microscopios electrónicos.

Estos átomos, a su vez están *hechos* por otros tres componentes aún más pequeños que se llaman *protones, electrones y neutrones*, y dependiendo de qué tipo de material sea, el átomo tendrá una cantidad distinta de ellos.

En la materia puede haber varios tipos de átomos, y a cada tipo lo llamamos elemento. Aunque bueno, hay materia que solamente está hecha por un solo tipo de átomo... El caso, cada elemento se compone de un mismo tipo de átomo, por ejemplo, el elemento más sencillo es un gas y se llama *Hidrógeno*. Está compuesto por un electrón, un protón y un neutrón. El protón y el neutrón están juntos en el centro del átomo al que llamamos *núcleo*, y el electrón está girando alrededor de este, como si fuera la Luna girando alrededor de la Tierra.

Síguele la corriente, la corriente eléctrica...

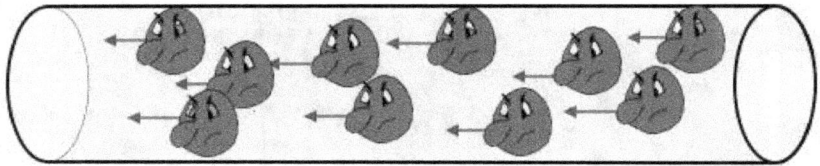

Hay ciertos elementos que tienen una característica especial, y es que si hacemos que los electrones *salten* de un átomo a otro y que se muevan dentro del material, estamos hablando de corriente eléctrica.

A este tipo de material en el que se pueden mover los electrones, lo llamamos *conductor*, y el más común es el cobre, aunque también se utilizan otros como el aluminio, el hierro, ¡y el oro! Sí, ya que el oro es un conductor muy bueno, aunque como te imaginarás, es caro tener un cable en casa para encender una bombilla que esté hecho de oro... Solamente se emplea en sitios donde es muy necesario, como por ejemplo en los microprocesadores de los ordenadores. Pero no te hagas muchas ilusiones y comiences a desarmar tu PC, son cantidades tan pequeñas que casi no tienen valor.

Bueno, que al final nos ponemos a hablar de cosas que no vienen a cuento. Estaba diciendo que los conductores son capaces de mover electrones, pero la pregunta del millón es... ¿Cómo hacemos que se muevan? Pues aplicando electricidad a sus extremos. Lo más sencillo sería usar una pila, ya que es un aparato que convierte energía química en eléctrica.

Corriente continúa

Os decía hace un momento que una pila es capaz de generar (convertir) electricidad, bien, pues esta electricidad que hay en los terminales de una pila se llama corriente continua, y se llama así porque siempre los electrones saldrán del terminal negativo (marcado con un signo de menos) hacia el positivo (marcado con un signo mas) y no cambiarán jamás.

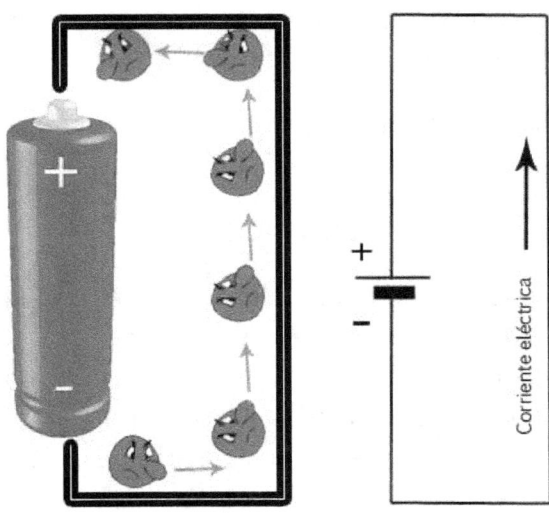

En electricidad y electrónica, cuando queremos representar sobre un papel los circuitos que montamos, como por ejemplo el de la pila de la imagen, usamos unos signos que conocemos todos, vamos, que están convenidos, y en el caso de la pila, son dos rallitas, una delgada para el terminal positivo, y una más ancha para el negativo.

¡Pero ojo! No intentes montar el circuito de la imagen, ya que si lo haces, la *Intensidad eléctrica* será prácticamente infinita... ¿Qué qué es la intensidad? Venga, voy a explicároslo...

Intensidad

Más o menos ya os he explicado que es eso de la Intensidad eléctrica, ya que al final es el paso de los electrones por un conductor. Pero quisiera aclararlo un poco... Podemos decir que *la intensidad es la cantidad de electrones que circulan por el conductor.*

Por eso antes os decía que si montamos el circuito de la pila, la intensidad sería muy, pero que muy alta y podrían saltar chispas y quemársenos los cables, ya que no hay quien los frene y los electrones serían muchísimos desde el terminal negativo hacia el positivo.

¿Y cómo "frenamos" los electrones? Pues con una cosa que se llama resistencia.

Resistencia

La resistencia esta, es algo que hace que la intensidad eléctrica sea menor y depende del material por el que hagamos circular la corriente, ya que existen unos materiales más resistivos que otros. Como os decía antes, el oro es muy buen conductor, ya que tiene muy poca resistencia, el cobre también lo es, pero menos... Y hay otros materiales que tienen mucha resistencia, como por ejemplo el carbón.

Por tanto podríamos decir que *la resistencia eléctrica es la capacidad de un material para frenar la intensidad de sus electrones.*

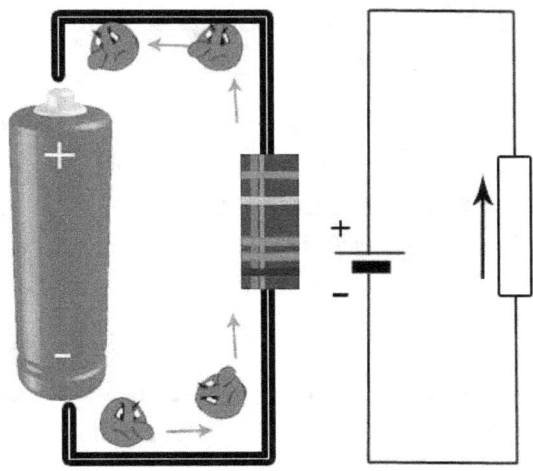

En electricidad y electrónica empleamos un tipo de componente que también llamamos "Resistencia", ya que están hechos de algún tipo de material muy resistivo para la electricidad. Con esta resistencia lo que logramos es hacer que la intensidad no se nos dispare y mantenerla constante. En los circuitos la representamos como un rectángulo o como un zig-zag.

Voltaje, tensión o diferencia de potencial

Vamos a añadir más palabras raras... voltaje... ¿Qué es eso? Es otra de las características que tiene la electricidad, y es la que da la fuerza a la intensidad. Explicándolo de otra manera, cuanto más voltaje, más intensidad pasará por un conductor.

¿Os suena eso de que una pila tiene 1,5 *voltios*? Bien, pues es la tensión o voltaje de la pila.

Hasta ahora no os había hablado de cómo medimos la electricidad, y ya veis que ha aparecido una nueva palabra, el *Voltio*. Este nombre viene de un antiguo físico que se apellidaba Volta, fue el que inventó un sistema para generar electricidad a partir de componentes químicos... la pila de Volta.

Pues sabiendo que la tensión se puede medir en voltios, os puedo comenzar a hablar de otras medidas...

Medidas eléctricas

La tensión en voltios... ¿y la intensidad? Pues en Amperios... Decimos que por un conductor pasa una determinada cantidad de amperios... "Pasa", que quede claro, ya que la intensidad eléctrica no existe si no hay un circuito, justo lo contrario que con la tensión, que siempre está.

¿Y la resistencia? Pues también la podemos medir, y lo hacemos en ohmios. Decimos que esta o aquella resistencia tiene tantos ohmios.

¿Qué medimos?	Lo medimos con...
Intensidad	Amperios
Tensión	Voltios
Resistencia	Ohmios

Pero además, no solamente medimos en voltios, amperios u ohmios, sino que podemos emplear también múltiplos y submúltiplos, como los kilogramos, igual:

Medida	Unidad	Equivalente
Intensidad	µA (Microamperio)	0,000001 A (Amperios)
	mA (Miliamperio)	0,001 A (Amperios)
Tensión	mV (Mili voltio)	0,001 V (Voltios)
	KV (Kilovoltio)	1000 V (Voltios)
Resistencia	KΩ (Kilo ohmio)	1000 Ω (Ohmios)
	MΩ (Mega ohmio)	1000000 Ω (Ohmios)

¿Os habéis fijado que empleo unas abreviaturas para las unidades? Claro, ya que escribir cada vez "megaohmio"… ufff… Pues para los amperios escribimos una letra "A" mayúscula, para los voltios una "V" mayúscula, y para los ohmios, si escribimos una "O" mayúscula puede que se confunda con un cero, entonces empleamos el equivalente de la letra "O" en el alfabeto griego, la letra omega "Ω".

Nuestro primer circuito

Bueno, ya podemos ponernos en marcha para construir un pequeño circuito. Vamos a necesitar los siguientes materiales:

- Una resistencia de 1KΩ. (*Rayas de color Marrón-Negro-Rojo-Dorado… ya veremos más adelante esto de los colores…*)
- Una pila de 9V.
- Una placa *Breadboard* para montar el circuito.
- Dos trocitos de cable, preferiblemente uno negro y otro rojo.
- Un multímetro *(También lo llamamos polímetro, ya que mide muchas cosas).*

El circuito que vamos a montar es este:

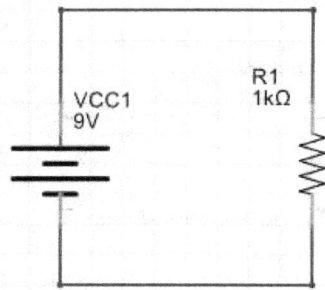

Pero antes de continuar, voy a explicaros unas cosillas que deberéis de conocer en las placas de montaje *Breadboard*. Tienen muchísimos agujeritos en los que podremos ir montando nuestros circuitos de pruebas, pero entre estos agujeritos tienen algunas conexiones. Las tiras que se encuentran a los lados están conectadas entre sí, siendo en total cuatro. Pero cada una de las hileras de 5 agujeros que se encuentran entre ellas también están unidas. Lo puedes ver mejor en la siguiente imagen:

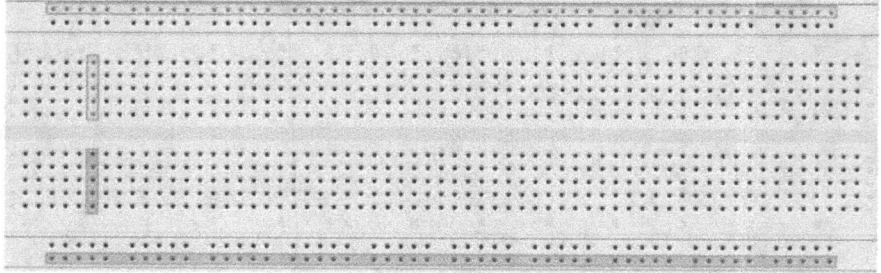

Bueno, pues ya sabemos cómo funcionan las tarjetas estas de pruebas. Ahora solamente nos queda colocar la pila y la resistencia como indica el circuito anterior, y para ello los colocaremos del siguiente modo:

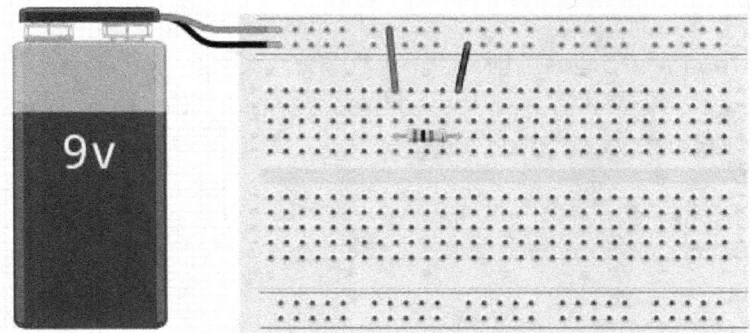

Fijaros que el cable rojo que sale de la pila siempre es el terminal positivo y el negro el negativo. Bien, pues conectamos el cable rojo a la primera línea de agujeros y el negro a la segunda. Ahora colocamos la resistencia de 1 kilo ohmio entre dos tiras de las del centro, y para aplicarle la tensión usaremos dos cablecillos, uno rojo que conectaremos a un extremo, y el negro al otro.

Ya tenemos nuestro circuito funcionando y ya está circulando una corriente eléctrica por él. Pero… ¿Qué intensidad pasa? Umm… vamos a ver otra cosa nueva…

La Ley de Ohm

Para poder calcular la intensidad que circula por el circuito vamos a necesitar una sencilla fórmula. Esta fórmula nos pedirá los datos de tensión y de resistencia.

Intensidad eléctrica es igual a **Voltaje** dividido entre **Resistencia**, o lo que es lo mismo, $I = \frac{V}{R}$

¿Y cómo aplicamos esta fórmula? Pues sustituyendo los datos que nos piden con los que conocemos:

$$I = 9V / 1000 \,\Omega$$

¿Te fijaste que no puse 1 KΩ, sino 1000 Ω? Claro, ya que siempre es necesario usar los valores de las unidades, nunca de sus múltiplos o submúltiplos.

Pero ahora podremos hacer un poco de trampa, ya que si usamos la *Hiper Calculadora*... lo tendremos más fácil.

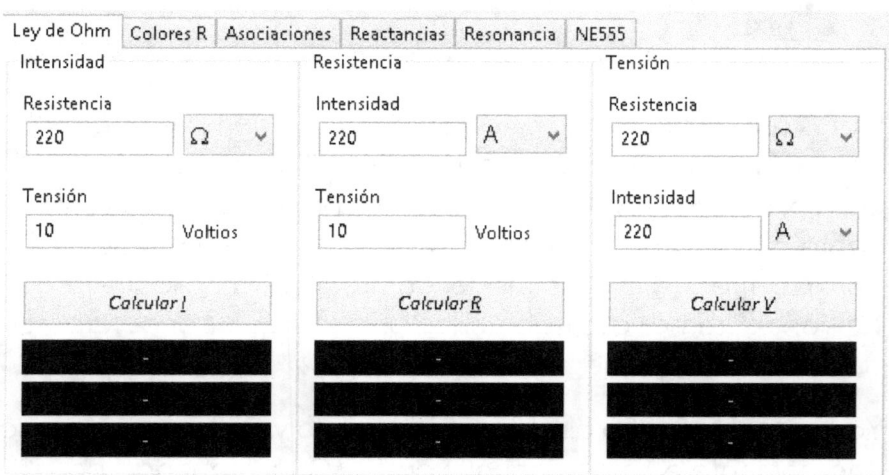

Cogemos la calculadora y buscamos *Intensidad*. Ponemos 9 en *Tensión* y 1000 en *Resistencia* y vemos que nos dan... 0,009 ¿Patatas? ¿Alcachofas?... ¡No! Amperios, ¡Son Amperios! Pues está claro, son 0,009 A. Pero bueno, ahora sí que podemos usar submúltiplos para entendernos mejor. Si multiplicamos el resultado por 1000, en vez de amperios, tendremos mili amperios. Luego *por el circuito circularán 9 mA*.

Pero la *Ley de Ohm* también nos sirve para obtener otros valores que no son intensidad. Podremos usarla para tensión o resistencia. Simplemente deberemos de despejarla y, por ejemplo, si nos dicen que por un circuito circulan 50mA con una tensión de 10V ¿Cuánta resistencia tiene el circuito? Simple, despejamos la fórmula para que nos quede así $R = \frac{V}{I}$, y haciendo uso de la calculadora, tecleamos 10V entre 0,05 y nos da 200 ohmios.

¿Y si queremos conocer la tensión? Pues la despejamos así
$V = I * R$

LEY DE OHM

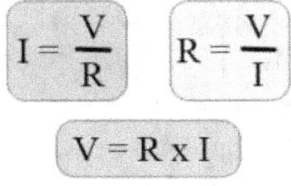
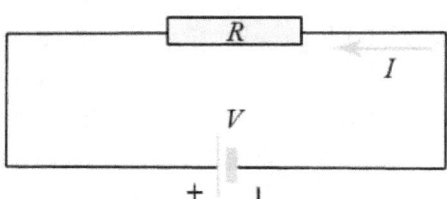

Medir tensiones e intensidades

Todo está muy bien sobre el papel y sobre un circuito que hemos montado. ¿Pero sabemos si realmente funciona? Ya que no tiene luces ni pantallitas que nos lo diga, emplearemos el multímetro para medir la tensión y la intensidad.

Para medir la tensión deberemos seleccionar el multímetro en la posición de tensión en corriente continua. Normalmente viene marcado como "Vcc" ó "V=", y los cables que nos sirven para medir en el común o COM el negro, y el que tenga marcada una "V" el rojo. Ahora tenemos nuestro multímetro funcionando como un Voltímetro, que es como se llama al aparato que nos sirve para medir la tensión.

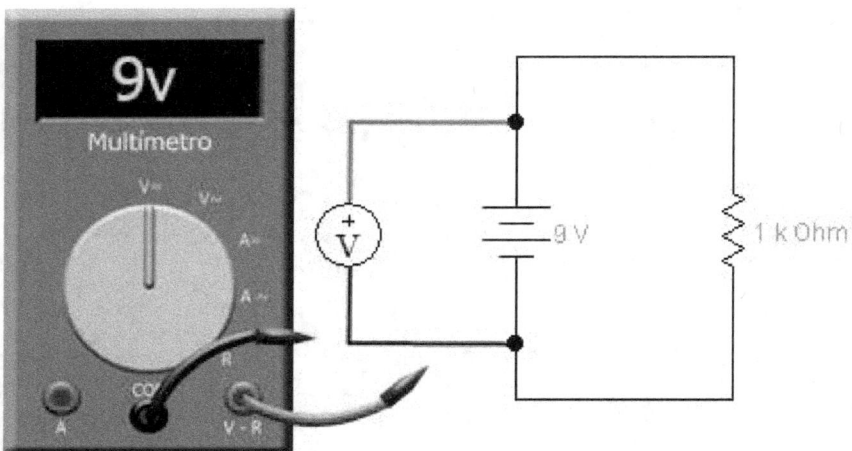

¿Recuerdas que había dicho que la tensión siempre está ahí? Pues bien, para conocer la tensión en el circuito, simplemente deberemos de colocar el cable rojo en el positivo de la pila, y el negro en el negativo. Si todo ha salido bien, deberíamos de leer en la pantalla del multímetro 9 V, o al menos algún valor muy parecido.

¿Y si en vez de medirlo en la pila lo mido en los extremos de la resistencia? Pues si te fijas en el circuito, el conductor es el mismo, tanto para el positivo como para el negativo, por lo tanto tendremos la misma lectura en la pantalla si medimos en la pila o en la resistencia.

Ahora vamos a poner el multímetro en el modo en el que podamos medir intensidad, y para ello lo ajustamos a la posición de Intensidad en corriente continua. Suele aparecer como "Acc" ó "A=". Pero ahora deberemos cambiar también el cable de medida rojo a la posición en donde nos aparezca una "A", ya que para medir intensidades hemos de convertirlo en un Amperímetro.

Ya os había dicho que la corriente eléctrica pasa por el circuito, no está ahí quieta esperándonos, por lo tanto, si queremos medirla, deberemos de desenchufar uno de los cables e intercalar en el medio el amperímetro.

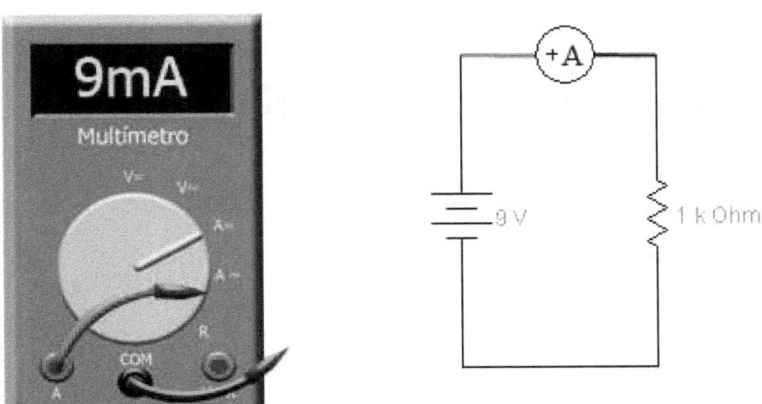

El cable rojo lo conectaremos al polo positivo de la pila, y el negro al terminal de la resistencia en donde antes iba conectada la pila. De este modo, y si todo ha salido bien, en la pantalla del multímetro deberemos de leer 9 mA o un valor muy parecido.

 Ojo, si conectamos al revés los cables del amperímetro simplemente nos dará un valor negativo, ya que la corriente está circulando en el sentido contrario al que esperaba estar conectado el multímetro. Esto también nos pasa si lo hacemos midiendo tensión: En vez de leer 9 V, leeríamos -9 V.

EJERCICIOS

1) ¿Cuántos kilo ohmios son 4700 Ω?
2) ¿Cuántos mA son 0,0567 A?
3) Si tenemos el siguiente circuito ¿Qué intensidad circulará por él?

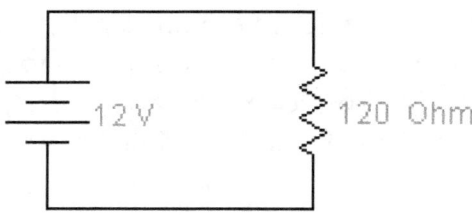

4) En este otro circuito ¿Qué voltaje tiene la pila?

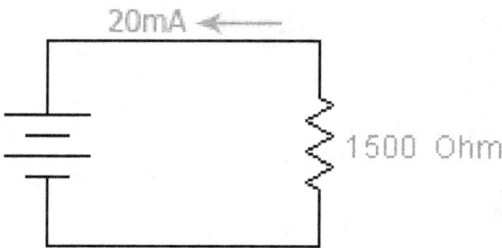

No te preocupes… los ejercicios son de pega. No suspenderás el trimestre.

Dani Manchado

CAPÍTULO 3
Nuestras amigas las Resistencias

¿Os acordáis de todo lo que habíamos visto en el capítulo anterior? Eso de voltios, amperios y ohmios... Pues bien, en este capítulo voy a hablaros sobre un componente que usaremos muchísimo, la Resistencia. No hablo sobre la propiedad esa de los materiales, sino del componente en sí, el aparato ese que enchufamos en la placa Breadboard.

Leer resistencias

Lo primero que vamos a hacer es aprendernos unos colores y unos números. A cada color le asignaremos un número:

Color	Número
Negro	0
Marrón	1
Rojo	2
Naranja	3
Amarillo	4
Verde	5
Azul	6
Violeta	7
Gris	8
Blanco	9

Igual ahora os parece un poco complicado, pero ya verás como con la práctica terminas aprendiéndotelos.

Bien, pues ahora que ya nos sabemos el código de colores, voy a explicaros cómo identificar el valor de cada resistencia, y para ello echaremos mano de nuestro colega Resitator:

Electrónica y Radio para Principiantes (Y Curiosos)

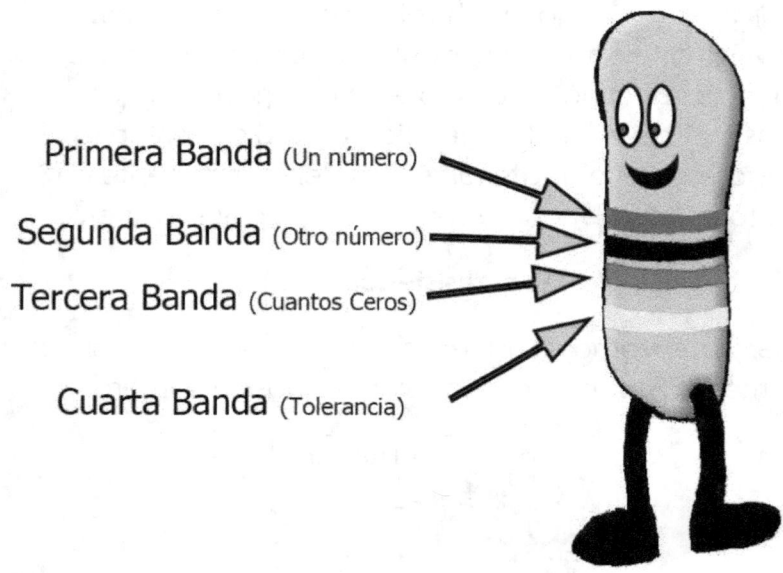

Primera Banda (Un número)
Segunda Banda (Otro número)
Tercera Banda (Cuantos Ceros)
Cuarta Banda (Tolerancia)

¿Ves a Resitator que tiene cuatro bandas de colores? Pues fíjate aún más, ya que tres están más juntas y otra un poco más separada. Las tres primeras nos dirán el valor que tiene esa resistencia, y la última la tolerancia... algo así como cuanto puede variar el valor que nos dicen las otras tres bandas con el valor real si lo medimos.

Vamos a leer el valor de la resistencia de Resitator: La primera banda es un número, para eso miramos la tabla de los colores y vemos que el marrón es un 1. La segunda banda es otro número, y volviendo a mirar la tabla vemos que el negro es un 0. Y por último, la tercera banda nos dice la cantidad de ceros que tenemos que añadirle, Resitatorla tiene de color rojo, pues observando la tabla vemos que es un 2.

Luego el valor de Resitator es 1-0-00 ¿Uno, cero, cero y cero? ¡Claro! Eso es mil. Significa que el valor es de 1000 ohmios, o lo que es lo mismo, de 1KΩ.

Pero también aquí la *Hiper Calculadora* nos permitirá conocer los valores de las resistencias. Simplemente pulsa el color de la raya que corresponda y automáticamente nos dirá unas cuantas cosas.

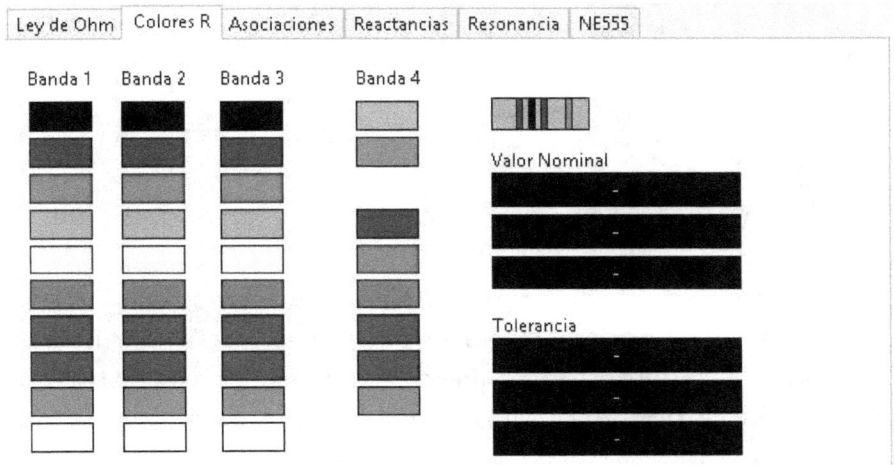

Pues ya sabemos leer los valores de las resistencias... ¿pero será realmente el valor real de ellas? Para eso vamos a volver a echar mano del multímetro, y lo vamos a usar como un Óhmetro.

Medir resistencias

Para medir una resistencia no deberemos tenerla nunca conectada a un circuito, ya que el resto pudiera alterar el valor de lo que medimos, por lo tanto, las mediremos siempre sueltas, o al menos con una de sus patillas sin conectar.

Venga, pues ahora colocamos nuestro multímetro en la posición "R" ó "Ω", ya que unos ponen una cosa y otros otra... y el cable rojo en el conector que también venga indicado como "R" ó "Ω". El negro siempre en el común.

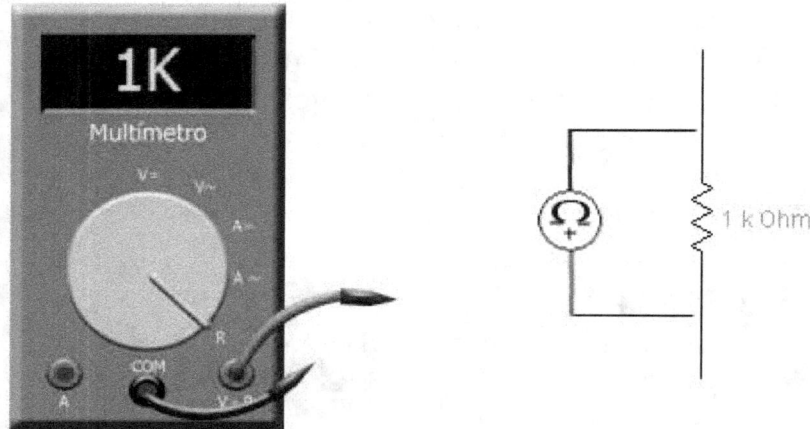

Ahora con las puntas de prueba (Que es como se llaman a los cables rojo y negro del multímetro) tocamos los terminales

de la resistencia ¡Pero ojo! No los toques con los dedos, ya que los Homo Sapiens estamos hechos de material resistivo y podemos alterar la medida.

¿Qué aparece en la pantalla? Seguro que si no es 1000 o 1KΩ, será un valor muy parecido (Por eso de la tolerancia que os decía antes).

La tolerancia

La cuarta banda es la que nos indica la tolerancia que tiene una resistencia, es algo así como la posible variación del valor que tiene escrito con las otras tres bandas y el valor que leemos con el óhmetro.

Para saberla, deberemos de aprendernos unos pocos colores más...

Color	Tolerancia
Dorado	5%
Plateado	10%

Aunque también se usan más colores para conocer la

tolerancia, lo más normal es que sean estos dos, y sobre el todo el dorado.

Ahora bien, si volvemos a coger a Resitator vemos que su cuarta banda, la que está separada de las otras, es de color dorado. Esto significa que puede tener un error de un 5%... Pero vamos a hacerlo un poco más fácil con unas formulillas.

$$\Omega\ máximo = \frac{\Omega\ Resistencia}{100}\ x\ 105$$

$$\Omega\ mínimo = \frac{\Omega\ Resistencia}{100}\ x\ 95$$

Ωmáximo es el valor real de la resistencia que puede tener como mucho, y al contrario, Ωmínimo, el que menos. ΩResistencia es el valor que leemos en las tres primeras bandas. Vamos a velo con el ejemplo de Resistor:

Ωmáximo = (1000 / 100) x 105=1050 ohmios como valor máximo medido (Valor real)

Ωmínimo = (1000 / 100) x 95=950 ohmios como valor mínimo medido (Valor real)

¿A qué es sencillo? Claro... pero ojo, estas dos fórmulas solamente nos sirven si la tolerancia es de un 5%. En el caso de que fuera un 10%, en la primera fórmula deberemos de sustituir el 105 por 110, y en la segunda el 95 por 90.

Colocando resistencias una detrás de otra (En Serie)

¿Ahora os imagináis que nos piden poner una resistencia de 200 Ω y no tenemos ninguna? Vaya... bueno, pues tendremos que echar mano de nuestro ingenio... y de nuestra caja de resistencias...

Vamos a colocar dos resistencias en serie, que es como llamamos a eso de colocar una detrás de otra, de 100 ohmios cada una de ellas y nos quedaría un circuito así:

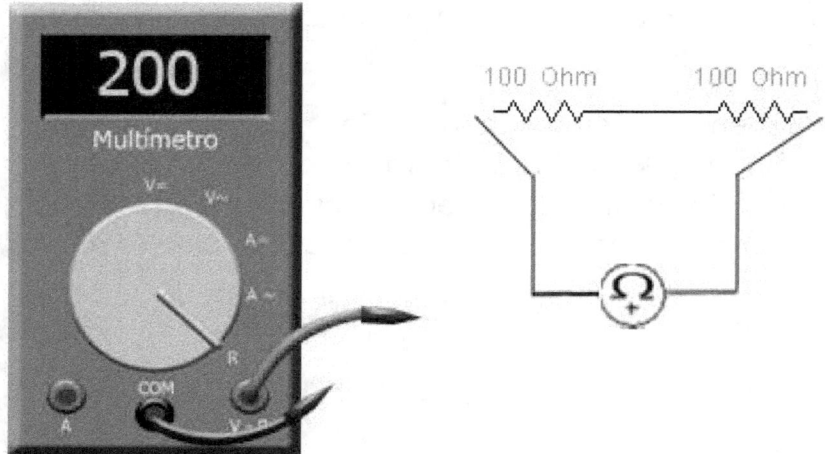

Ajustando el multímetro para medir como óhmetro y midiendo en los extremos de la asociación, nos debería de aparecer en la pantalla un valor de 200 ohmios o muy similar, ya que:

"La resistencia total de una asociación serie es la suma de todos los valores"

Vamos, que si ponemos en serie una resistencia de 1000 ohmios y otra de 4700, en total tendríamos una resistencia de 5700 ohmios.

Colocándolas una al lado de otra (En Paralelo)

Pero si en vez de asociarlas en serie las conectamos de tal modo que queden conectadas en paralelo, no se suman los valores... aquí hay que hacer una formulilla un poco más complicada...

"El inverso de la resistencia total es igual a la suma de los inversos de los valores individuales"

¿Lo qué? Vaya... vamos a explicarlo paso a paso: y con un ejemplo. Vamos a colocar las dos resistencias de antes en paralelo, y ahora deberemos de hacer el inverso de cada una de las resistencias, que al final es hacer una simple división: 1 entre 100 ohmios, y el resultado sería el mismo para las dos, ya que son iguales. El resultado es 0,01.

Pues bien, ahora los sumamos: 0,01 + 0,01 = 0,02, y con este resultado, volvemos a hacerle el inverso: 1/0,02=50... ¡Ya está! Hemos calculado la resistencia total del circuito de una manera muy sencilla, ya que es 50 ohmios.

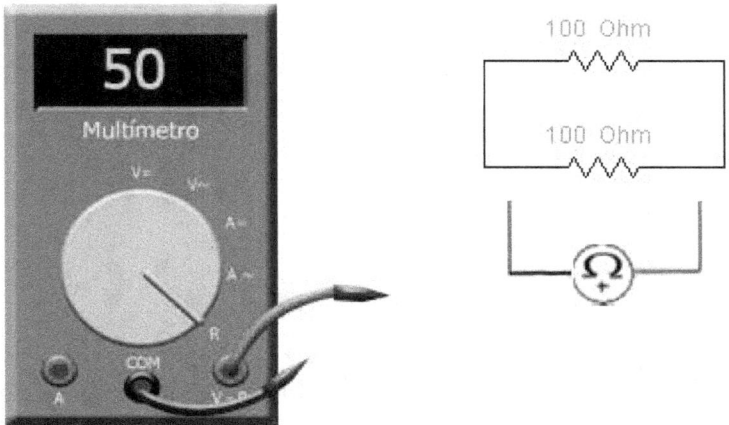

¿Pero te has fijado en una cosa? ¿Qué la resistencia total es la mitad de cada una de ellas? Sí, pero este caso solamente se da cuando todas las resistencias son iguales, y para ello, se divide el valor de una de ellas entre las que sean. Por ejemplo, si tenemos tres resistencias de 330 ohmios y las ponemos en paralelo, podríamos hacer: Resistencia Total = 330/3 = 110 ohmios.

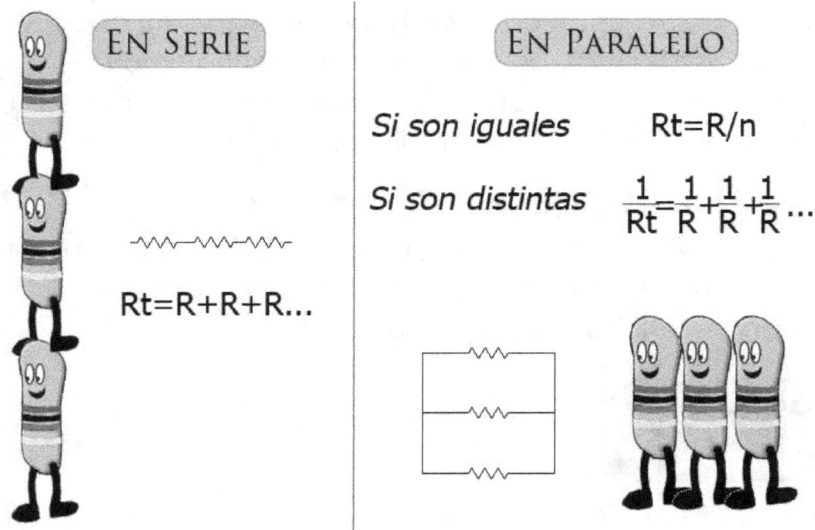

¿Hiper Calculadora? ¡Por supuesto!

Busca la pestaña *Asociaciones* y en la parte de *Resistencias* podremos calcularlas automáticamente.

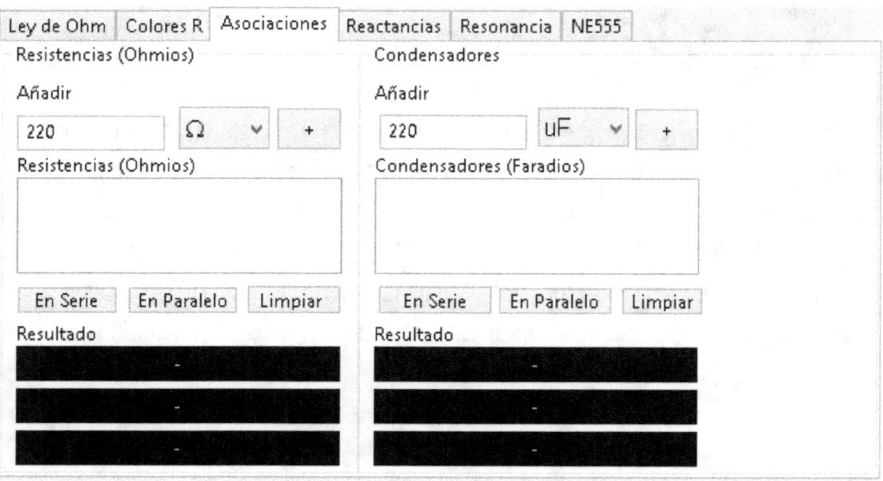

Más ley de Ohm...

Volviendo con nuestro amigo Greog... Es verdad, que antes no os había comentado que se llamaba Greog. Ya de paso, como culturilla os comentaré que vivió en los siglos XVIII y XIX, y que fue un físico y matemático alemán, y claro, es famoso por haber desarrollado la ley que lleva su nombre... La Ley de Ohm.

El caso, que al final me voy por los cerros de Úbeda y no termino de explicar esto que quería.

Cuando hacemos una asociación de resistencias, ya sea en serie o en paralelo (O varios conjuntos de ellas), existe una resistencia total, y normalmente la solemos llamar Rt (La R de resistencia, y la t de total), y si calculamos la corriente que circula por esa resistencia total, podremos conocer la tensión e intensidad en cada una de las resistencias.

Vamos a plantear el siguiente circuito hecho con tres resistencias, una 10KΩ, otra de 4,7KΩ y la última de 2,2KΩ...

¡Ah! Por cierto, cuando trabajamos con resistencias que lleven decimales, en vez de poner una coma, usamos la unidad para separarlo. Por ejemplo, 4,7 KΩ, lo solemos poner como 4K7.

Primero las ponemos en paralelo y calculamos su resistencia total:

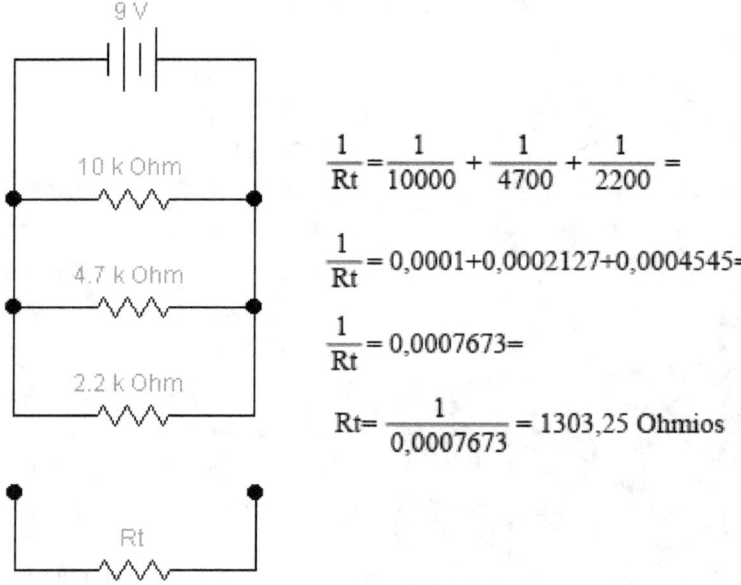

Bien, la Rt es igual a 1303,25 Ohmios, por lo tanto, y si aplicamos la Ley de Ohm, podremos conocer la intensidad que circulará por el circuito:

$$I = \frac{V}{R}, \text{ por lo tanto } I = \frac{9}{1303,25} = 0.069 \, A$$

Lo que es lo mismo, 69 mA.

¿A que no parece complicado? ¡Claro! Es que no lo es. Venga, vamos a seguir... ¿Recuerdas que la tensión siempre es la misma cuando los terminales están unidos? Pues bien, podemos observar que la tensión que habrá en cada una de las resistencias siempre es 9V... Y con ello, podremos calcular la intensidad en cada una de ellas. Vamos a por la primera:
I = 9 / 10000 = 0.0009 Amperios.
La segunda es I = 9 / 4700 = 0.002 Amperios,
y por último, I = 9 / 2200 = 0,004 Amperios...

Bien, vamos a hacer una prueba: Vamos a sumar todas las intensidades de las resistencias: 0,0009+0,002+0,004 = 0,0069 Amperios ¡Lo mismo que teníamos en el cálculo total!

¿Y si ahora las ponemos en serie? Pues vamos a ver qué pasa:

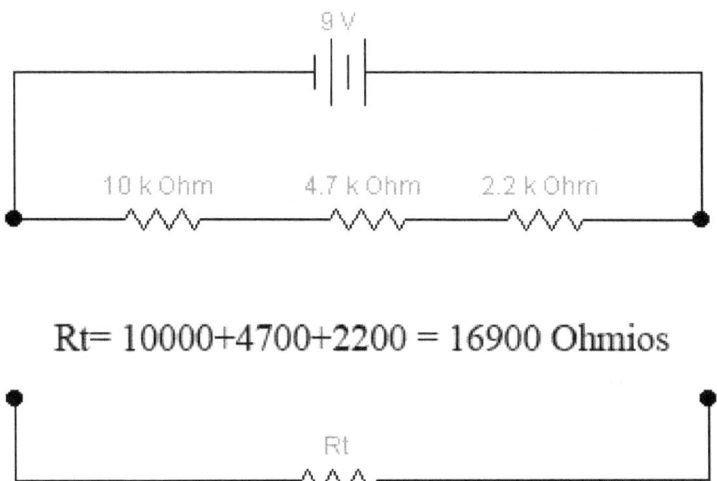

$Rt= 10000+4700+2200 = 16900$ Ohmios

Para comenzar calculamos la Rt, y vemos que nos da 16900 Ohmios, vale, pues ahora calculamos la intensidad total del circuito: I=9/16900=0,00053 Amperios ¡Genial! Pero vamos a puntualizar lo que sucede en los circuitos serie: La intensidad siempre es la misma, ya que es la que atraviesa todas las resistencias, por lo tanto, por todas las resistencias siempre pasarán 0,53mA.

Pero ojo... la tensión es otra cosa, ya que será de un valor diferente en cada una de ellas, y como no, vamos a calcularlo: La tensión en la resistencia de 10K es: V=10000 x 0,00053 = 5,3 ¿Lechugas? ¡No hombre, no! Son voltios.
En la de 4K7 es V= 4700 x 0,00053 = 2,5 voltios, y ya por último,

en la resistencia de 2K2 tendremos una tensión de
V = 220 x 0,00053 = 1,2 voltios.

¿Hacemos la prueba de antes? Vamos a sumar todas las tensiones de las resistencias: 5,3+2,5+1,2= ¡9 Voltios!

Bien, pues este sistema de resistencias en serie se usa para dividir tensiones, y su nombre, valga la redundancia, es *"Divisor de Tensión"*.

Vamos a montar unos circuitillos...

Y para ello echamos mano del siguiente material:

- 2 Resistencias de 100 KΩ
- 2 Resistencias de 47 KΩ
- 2 Resistencias de 22 KΩ
- Multímetro
- Tarjeta *Breadboard*
- 1 Pila de 9V

Y primero montamos en la tarjeta *Breadboard* este esquema:

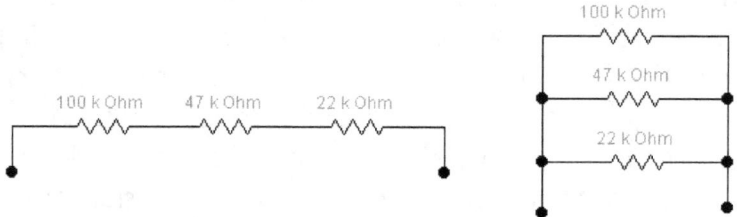

Quedaría algo así como esta fotografía:

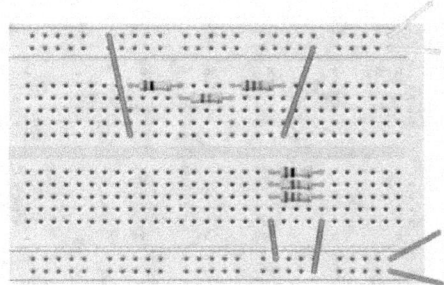

En los cables de color naranja tenemos que medir con el multímetro en modo de óhmetro la resistencia de las tres que están en paralelo ¿Sabrías decir cuánto es antes de medirlo?

Pero además, en los cables amarillos nos encontramos con la resistencia total de las tres que están en serie... Lo mismo de antes ¿Sabrías calcularlo antes de medirlo con el óhmetro?

Y ahora vamos a montar otro circuito con el mismo material y añadiéndole una pila de 9 voltios. ¿Sabrás responderme a las preguntas que te haré después?

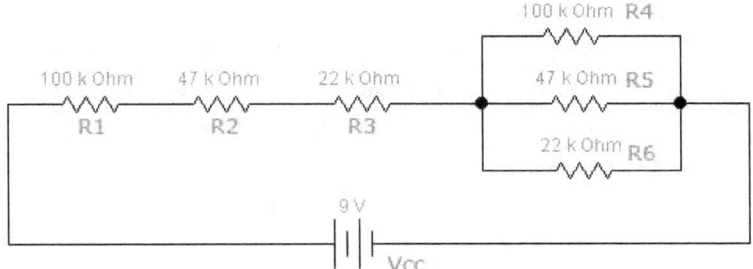

El resultado sobre la tarjeta *Breadboard* sería algo así:

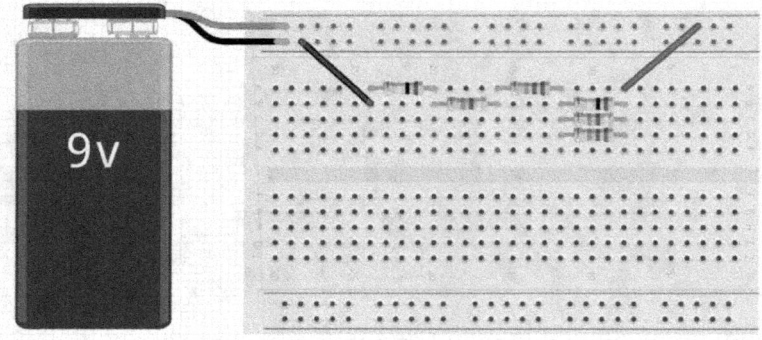

¿Pero te has fijado en un nuevo detalle que hasta ahora no estaba en ninguno de los esquemas que habíamos dibujado? ¡Sí! Claro, es que normalmente llamamos a los componentes con nombres a los cuales dirigirnos:

- ¿Qué tal está usted, señorita R1?

De este modo podemos decir cosas como "Por la resistencia R4 pasan tantos amperios".

Venga, pues ahora toca rellenar la tabla que os pongo aquí debajo. Primero tienes que calcular los datos con las fórmulas y todo eso, y luego medirlo con el multímetro... a ver qué diferencias encuentras.

Resistencia	Tensión calculada	Tensión medida	Intensidad calculada	Intensidad medida
R1				
R2				
R3				
R4				
R5				
R6				

CAPÍTULO 4
Alternando la Corriente...
Corriente Alterna

Hasta ahora habíamos visto un tipo de electricidad que llamábamos corriente continua, y os había explicado que era porque siempre circulaban en el mismo sentido los electrones por el conductor.

Pues esto podríamos verlo de la siguiente manera.

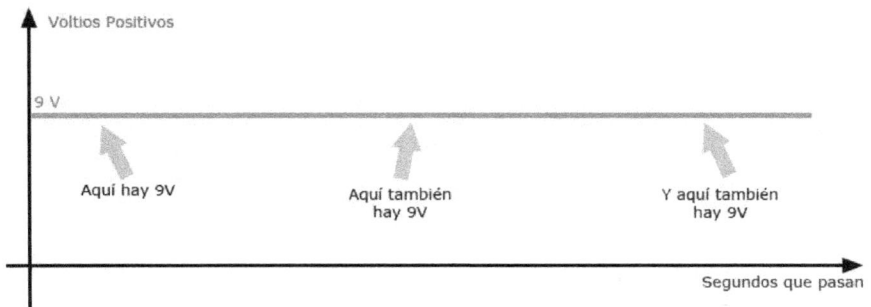

Si nos imaginamos unas líneas (*Gráfica de Coordenadas*), en la que verticalmente pongamos una tensión, y horizontalmente el tiempo que pasa, los voltios siempre serán los mismos (En el caso de la corriente continua, *CC*, para abreviar).

¿Pero qué pasaría si esos voltios variasen? ¿Y si unas veces el polo positivo fuese negativo, y el negativo positivo?

Pues que tendríamos lo que llamamos *Corriente Alterna*, ya que sus polaridades alternan entre positivo y negativo...

¿Lo vemos en una gráfica?

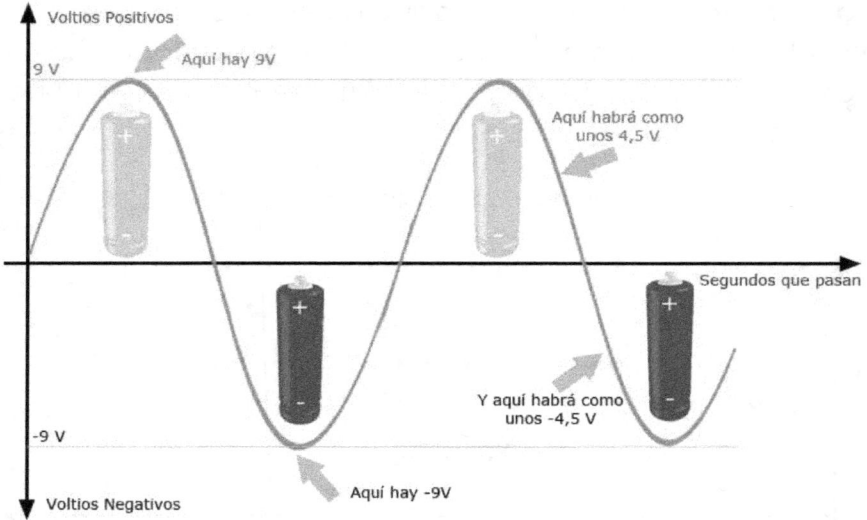

Fíjate que unas veces la pila que dibujé está en tonos claros (Rojo) y otros en casi negro.

Esto es porque cuando decidimos que un polo puede ser el positivo, es que tenemos verdaderamente el positivo ahí, y saldrán, pues como en el ejemplo, 9 voltios.

Pero en cambio, si ahora el que decidimos que fuera el positivo, tuviera el negativo, en vez de 9, tendríamos -9 voltios. ¿Recordáis que antes os había dicho que si colocamos el voltímetro al revés leeríamos el mismo valor pero en negativo?

En realidad no tenemos polos positivos o negativos... simplemente tenemos dos... unas veces serán de un tipo, y otras de otro, pero siempre en relación con el otro polo.

Quizás os pueda parecer un poco rollo... lo sé... por eso vamos a quedarnos con unas pocas cosas, y la primera será algo que llamamos *Frecuencia*.

Frecuencia

¿Os habéis fijado que la corriente alterna (CA para abreviar), hace como *ondas*?

 Este tipo de ondas se llaman *Sinusoidales*... (Vaya nombrecito), son así por un efecto que se produce en los generadores, ya que para hacer electricidad alterna giran, y del giro calculamos ángulos... ¡No pasa nada! Es simplemente culturilla.

Pero lo que os cuento ahora sí es importante... estad atentos.

¿Veis que la onda esa está dos veces positiva y dos negativa? Pues en el tiempo que dura la gráfica hemos tenido dos cosas que se llaman *Ciclo*, es decir, la onda nace en 0 voltios, va subiendo hasta 9, y de ahí baja otra vez a 0, sigue bajando hasta -9, y de aquí a 0 de nuevo.

A todo eso lo llamamos ciclo... y si se repite varias veces en un segundo, a los ciclos por segundo los llamamos *Frecuencia*.

Vamos a imaginarnos varias ondas. En la primera de ellas, en un segundo, la onda sale una sola vez.

En la segunda, en el mismo tiempo, un segundo, salen dos ondas.

Y en la tercera, pues cuatro veces.

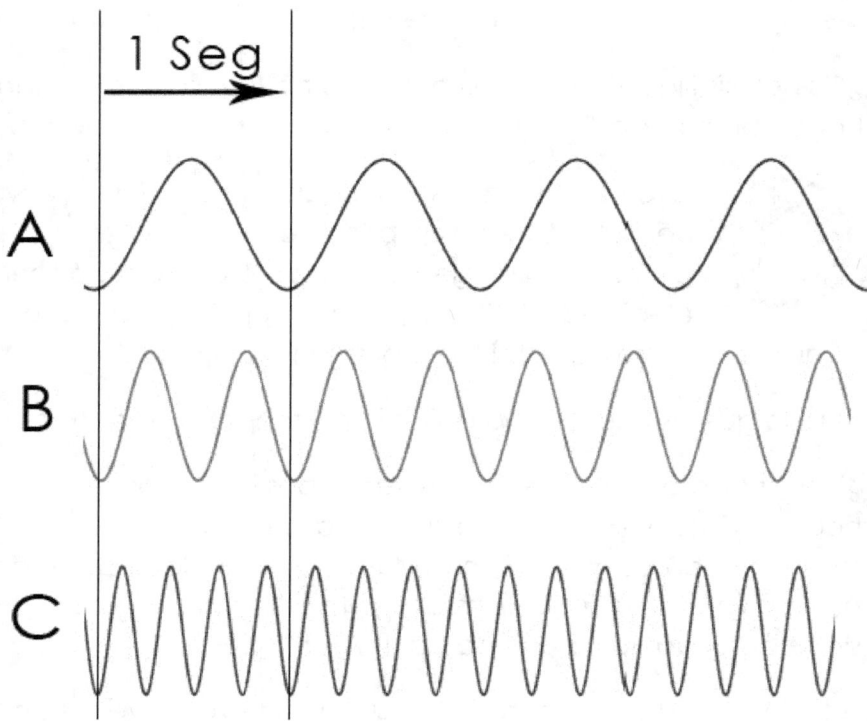

Este efecto lo podemos ver en la imagen que está justo aquí arriba. En la onda A, su frecuencia es 1, ya que se repite una vez. En la onda B, la frecuencia es 2. Y por último, en la onda C, la frecuencia es 4.

¿Pero sabes cómo la medimos? Pues en *Ciclos por Segundo*, ya que al final no es otra cosa que algo que se repite, un ciclo.

Pero bueno, se suele emplear el *Hercio* como medida, luego la onda A será de 1 Hercio, la B de 2 Hercios, y la C de 4 Hercios.

Para abreviar, en vez de escribir *Hercio* (O *Hertzio*) directamente, se escribe *Hz* solamente, por ejemplo, podemos decir que una frecuencia tiene 245 Hz. (Su onda se repite 245 veces cada segundo).

¿Habéis escuchado alguna vez que vuestra emisora de radio preferida está en el 98 punto 5 de la FM?

Pues eso es la frecuencia, es decir, "Hertzy FM" funciona en 98,5 MHz.

Ese *MHz* significa *Mega Hercio*, es decir, *Millón de hercios*. Cuando se repiten tantas veces las ondas, en vez de poner que tienen una frecuencia de 98500000 de hercios, simplemente decimos 98.5 MHz.

Vamos a ver en una tabla más abreviaturas:

Ciclos por Segundo	Hercios (Hz)	Kilo Hercios (KHz)	Mega Hercios (MHz)
1	1	0.001	0.000001
1000	1000	1	0.001
1000000	1000000	1000	1
98500000	98500000	98500	98.5

Normalmente en casa tenemos una corriente alterna en los enchufes de 50 Hz. En otras partes del mundo son 60.

O por ejemplo los microprocesadores de los ordenadores o de los teléfonos móviles, nos dicen que tienen una frecuencia de X Mhz... Este valor es al que funciona un aparatejo interno que se llama reloj y que indica la cantidad de órdenes a nivel máquina que puede interpretar cada segundo.

Tensiones y Valores

Hasta ahora solamente habíamos hablado de una tensión, ya que la CC siempre se mantiene en el tiempo (Recordad la primera gráfica de este capítulo).

Pero ahora, con todos esos saltos que pega la tensión, pues no sabríamos decir su valor, deberíamos ir microsegundo a microsegundo midiendo... ¿Vosotros podéis? Porque yo no, desde luego.

Entonces vamos a ver que existen varias maneras de medir la CA, y la primera se llama *Tensión de Pico* y para ello, os las muestro en la siguiente gráfica.

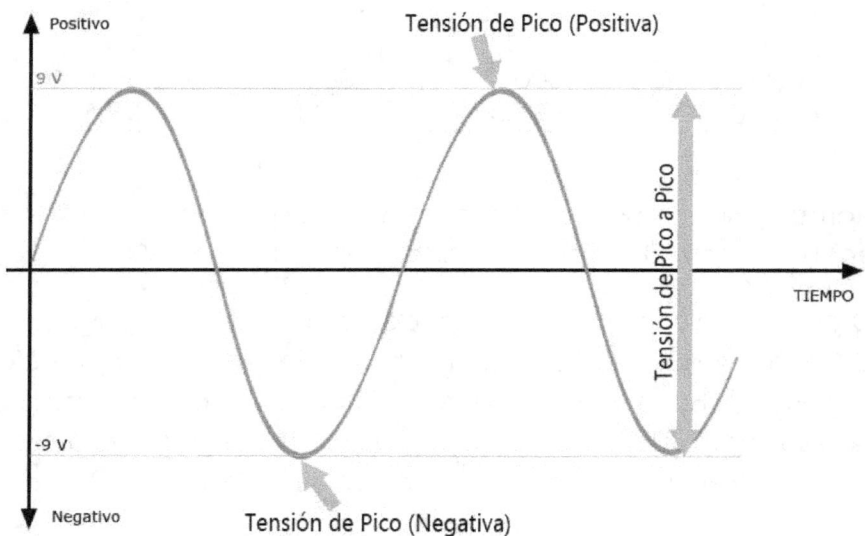

¡Claro! Con ese nombre ¿qué otra cosa podría ser nada más que el valor que tenemos en el pico de la onda?

Pero has de fijarte bien, porque hay dos picos, uno positivo y uno negativo.

Hay veces que la CA no está centrada en el cero, entonces puede ser diferente el valor de pico positivo que el negativo.

¡Ah! Es verdad, si medimos entre los dos picos, pues tenemos la *Tensión Pico a Pico*, o Vpp que es cómo se suele poner (La de pico tal cual, ponemos Vp).

En la gráfica anterior, nuestra Vp es de 9 voltios, y la Vpp de 18... (Ojo, no confundas sumar 9 y -9, daría cero).

¿Vamos a por otra? Venga, ahora será una que se llama *Tensión Eficaz*.

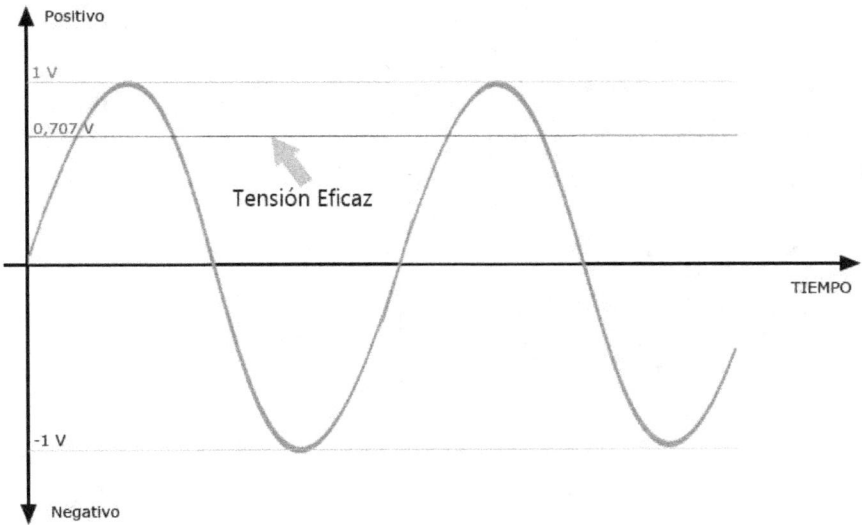

Una cosa que no os había contado sobre las resistencias es que cuando pasa una corriente eléctrica, casi toda la energía (Intensidad eléctrica) que os decía que frenaba, tiene que hacer algo con ella. Y lo más sencillo, pues es quemarla...

Vale... no es que salgan llamas ni nada parecido, pero lo que si hace la resistencia es convertir (Transformar) la energía eléctrica en calorífica, es decir, la resistencia se calienta.

El caso, pues *la Tensión Eficaz es aquella que produce el mismo calor en una misma resistencia que si fuera corriente continua*.

Mmmm... Visto de otra manera, es la tensión que nos miden los polímetros cuando los ponemos en CA.

Si te fijas en la gráfica, he cambiado los 9 voltios de pico por 1.

Bien, pues la tensión que nos mediría el voltímetro no sería 1, sería 0,707 voltios, ya que es el número por el que hemos de multiplicar la Vp para obtener la Vef (Que es así como la llamamos).

$$Vef = Vp \times 0,707$$

¿A qué es sencillo?

Ahora bien, ya que sabemos esto, vamos a calcular la Vef para una Vp de 9 V...

Vef = Vp x 0,707 >> Vef=9x0,707 >> <u>*Vef=6,363 Voltios.*</u>

Y ya, sabiendo todo esto, ¿serías capaz de adivinar (Calcular más bien) cuál sería la Intensidad eficaz si ponemos una resistencia de 100 ohmios con una Vp de 10 voltios?

Pues sí, al igual que tensiones, también tenemos corrientes eficaces, de pico... Y se calculan exactamente igual que si fueran en corriente continua.

Partimos de que tenemos 10 voltios de Vp, lo primero sería calcular su Vef:

$$Vef = 10 \times 0{,}707 = 7{,}07 \text{ voltios.}$$

Bien, pues ahora aplicamos la Ley de Ohm y decimos:

$$Ief = \frac{Vef}{R} = \frac{7{,}07}{100} = 0.0707 \; Amperios \; (70mA)$$

¿Y la intensidad de pico? Fácil...

$$Ip = \frac{Vp}{R} = \frac{10}{100} = 0.1 \; Amperios \; (100mA)$$

¿Pero sabes que hay más valores? (Ya que sabemos que existen distintas tensiones e intensidades, vamos a llamarlos *Valores*)

Pues también hay uno que se llama Valor Instantáneo, que es aquel que medimos en un momento determinado. Por ejemplo, pues a 100 microsegundos después de comenzar la onda...

O aquel que llamamos Valor Medio, el Valor de Factor de Forma... ¡Ufff! Quedémonos con estos:

Valor	Abreviatura	Cálculo
Pico	Vp	Vp=Vef x 1.41
Pico a Pico	Vpp	Vpp=Vp x 2
Eficaz	Vef ó V tal cual	Vef= Vp x 0,707

Es verdad, que se me olvidaba. Para representar un generador de CA en los esquemas electrónicos, empleamos este dibujillo:

Os preguntareis que para qué os explico todo esto... pues bien, la respuesta está en el siguiente capítulo.

CAPÍTULO 5

Mis colegas Los Condensadores

En este capítulo veremos un nuevo tipo de componente electrónico... El *Condensador*.

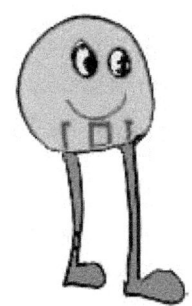

¿Qué es eso de un condensador? Es algo mucho más sencillo de explicar que la corriente alterna.

Son dos placas metálicas que separamos con un aislante que llamamos *Dieléctrico*.

Pero bueno, realmente quedaría algo como la foto de mi amigo Capacitadorín... que él es un condensador (Hay veces que para mosquearlo lo llamo Lenteja...).

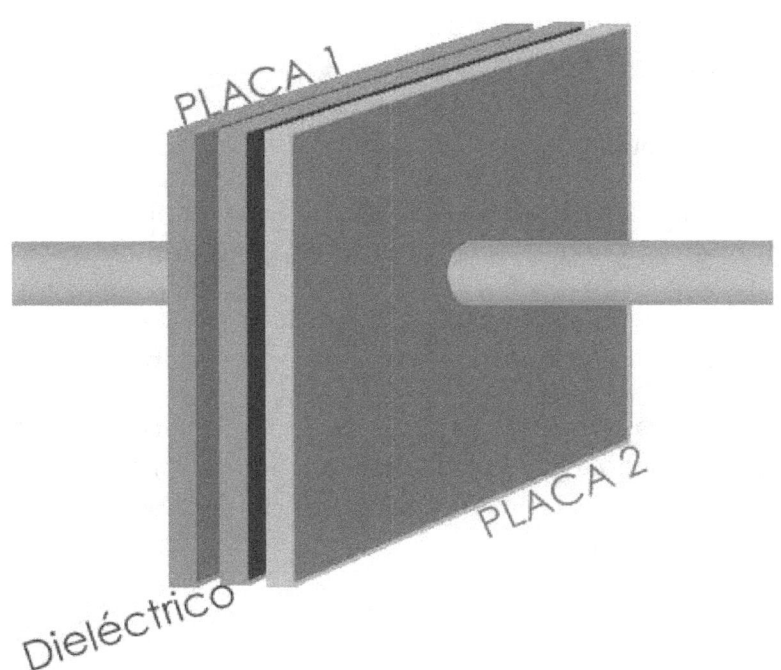

En la imagen vemos tres capas. Las de los lados son metálicas, y la del centro es aislante.

Lo que ocurre es un efecto muy interesante cuando aplicamos corriente continua a las placas, pues se cargan eléctricamente durante un pequeño espacio de tiempo, y luego pasan a ser completamente aislantes. Vamos, que no circula la electricidad por ellos.

Por ejemplo, si en la placa de la izquierda ponemos el positivo de una pila y en la de la derecha el negativo, quedaría cargado el condensador con esa polaridad.

Pero si cambiamos los polos de repente, y a la de la izquierda ponemos el negativo y a la de la derecha el positivo… uy… los electrones que lleguen se encontrarían con otros que están esperando salir en dirección contraria a ellos. ¿Se chocan? Más o menos, lo que pasa es que se frenaría el paso de corriente mientras se carga de nuevo (Recordad que tarda muy poquito).

¿Y si volvemos a cambiar la polaridad? Pasaría otra vez lo mismo, pues volvería a frenar el paso de corriente.

¿Recuerdas cómo se llamaba esa electricidad que cambiaba de polaridad muchas veces por segundo?

Eso es. Pues más o menos, un condensador funcionaría como una resistencia en corriente alterna, pero en continua sería simplemente un cacharro que tenemos ahí que no deja circular a los electrones.

A esta resistencia en CA que ofrece un condensador la llamamos *Reactancia Capacitiva*.

Pero antes de meternos en reactancias, vamos a ver cómo medimos estos *aparatejos*.

Como todo en electrónica, los condensadores también tienen valores, y en vez de ohmios o voltios, lo hacemos con *Faradios*.

Pero en la práctica un faradio de estos es un valor muuuuuyyyy grande, entonces usamos siempre submúltiplos:

Unidad	Abrev.	Medida	Faradios
Micro faradios	µF	1 µF	0.000001 F
Nano faradios	nF	1 nF	0.000000001 F
Pico faradios	pF	1 pF	0.000000000001F

Por cierto, los condensadores tienen *Capacidad*, que es la característica de almacenar energía entre sus placas.

Normalmente los polímetros no suelen traer *Capacímetro*, que es así como se llama el aparato que mide la capacidad de los condensadores, o si lo tienen, solamente sirve para valores muy altos, de cientos o miles de nano faradios.

El caso, tendremos que guiarnos casi siempre por lo que nos diga su valor.

Hace bastantes años se empleaba un código de colores, como los de las resistencias, pero hoy en día ya han dejado de pintarlos a rayas. Lo normal es que ponga directamente su capacidad, sobre todo cuando son micro faradios, o empleen 3 números.

Cuando ponen los tres números estos, normalmente suelen medirse en pF los más pequeños, o en nF los más grandes. Deberemos de saber qué tipo de condensador tenemos siempre en nuestras manos.

Funcionan igual que las resistencias, el primer y segundo número son eso, números, y el tercero la cantidad de ceros que le siguen.

Por ejemplo, Capacitadorín tiene escrito un 101 (Ciento uno) en su pecho, y como es de clase pequeña, su valor sería 1 0 0 ya que el último número nos indica que solamente hay que añadirle un cero. Por cierto, serían 100pF.

Si tenemos uno que pone 474, podrían ser 470000 pF en el caso de ser de tipo pequeño, o 470000 nF en el de ser grande, es decir, 470 nF el pequeño, y 470µF el grande.

Asociación de Condensadores

Otra cosa que no os había comentado, es que los condensadores, los que iremos viendo de momento, emplean este símbolo para los esquemas electrónicos.

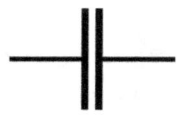

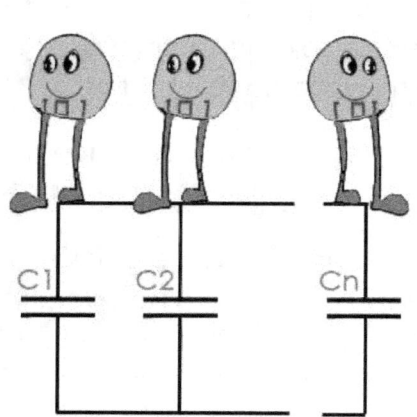

En el esquema que tenemos aquí al lado, fijándonos, veríamos como todas las placas que están arriba están unidas, y las de abajo, pues también...

¿No os parece que lo que hacemos es conseguir un condensador más grande?

¡Sí! Pero además, la fórmula es sencillísima, simplemente hemos de sumar todos los que pongamos en paralelo.

$$Ct = C1 + C2 + \cdots + Cn$$

Ct significa *Capacidad Total*, aunque mucha gente también lo llama *Capacidad Equivalente*. Elegid el nombre que mejor os convenga.

Vamos a practicar un poco con esto. Imaginemos que C1 son 100pF, que C2 sean 47 pF y que C3 sea de 3nF. ¿Sabríais calcular la capacidad total?

Vamos a ello, ya que simplemente hay que… ¡Espera! ¿Os fijasteis que los dos primeros están en pF y el último en nF? Pues habrá que pasarlos todos a las mismas unidades. Elegiremos pF, ya que tenemos más de estos. Pues nada, como ya habíamos visto, 1 nF es 1000 un pF, luego C3 será de 3000 pF.

Ahora sí… vamos a sumar:

$$Ct = C1 + C2 + C3$$
$$Ct = 100 + 47 + 3000$$
$$Ct = 3147 \, pF$$

Sencillísimo ¿verdad? Pues si los colocamos en serie pasaría lo mismo que con las resistencias el paralelo.

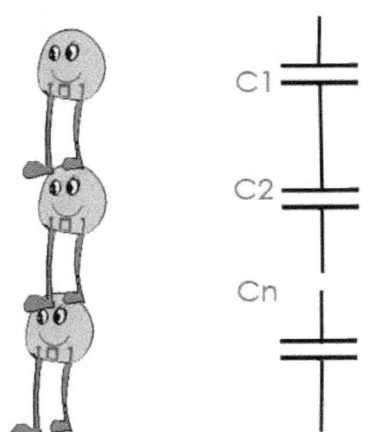

El resultado sería el inverso a la suma de los inversos…

$$\frac{1}{Ct} = \frac{1}{C1} + \frac{1}{C2} + \frac{1}{Cn}$$

Aunque como antes, si son todos iguales, se puede aplicar esto:

$$Ct = \frac{C1}{n}$$

Seguro que sabes ya cómo calcularlo…

Pues vamos a practicar, y lo haréis vosotros solitos.

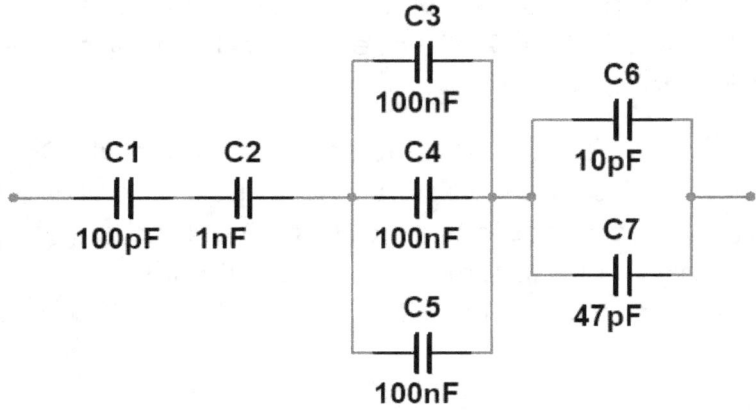

¿Sabríais decime la capacidad total del circuito?

Los pasos serían calcular primero el valor en paralelo de C3, C4 y C5, después el de C6 y C7, y por último, el valor total en serie de C1, C2 y las dos asociaciones que habíais calculado antes.

También en la *Hiper Calculadora* podremos calcular el valor equivalente en las asociaciones de condensadores...

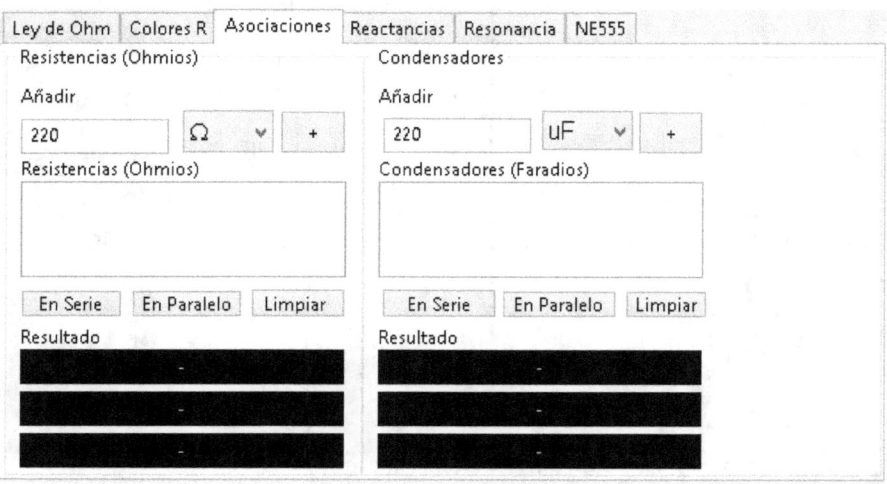

¿Vamos a por lo siguiente? ¡Adelante!

Reactancia Capacitiva

¿Os acordáis que os había dicho que los condensadores ofrecen una especie de resistencia cuando les aplicamos corriente alterna?

Pues bien, a esta característica se llama *Reactancia Capacitiva*.

Pero no va a ser siempre la misma reactancia para un condensador de tantos o cuantos picofaradios, ya que variará dependiendo de la frecuencia de la CA.

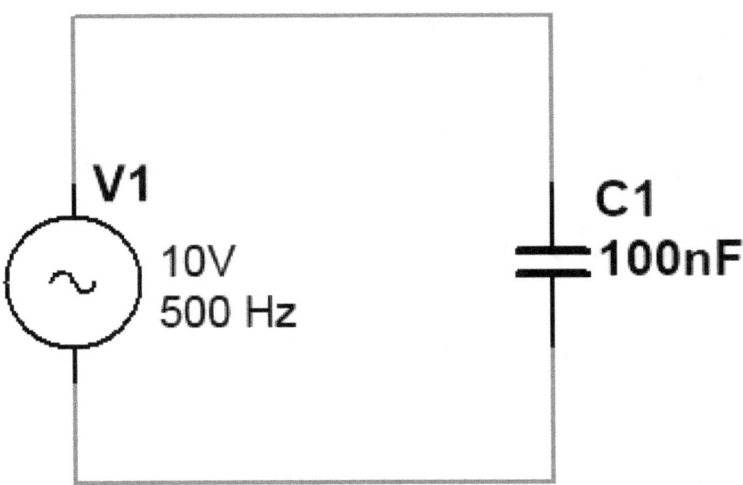

Vamos a imaginarnos el anterior circuito. Tenemos un condensador de 100nF conectado directamente a un generador de CA de 10 V (Eficaces, ya que si no decimos otra cosa, siempre son eficaces) y con una frecuencia de 500 Hz.

Bien, pues al tratarse de una CA, el condensador tendrá una reactancia, y que podremos calcular con la siguiente fórmula:

$$Xc = \frac{1}{2\pi f C}$$

Llamamos a la reactancia siempre "X", y como es capacitiva, añadimos la "c". Las otras letras de la fórmula son:

- Π: (Letra Pi griega) Siempre vale 3,141592... (Es infinito, nos quedamos con 3,14)
- F: La frecuencia, siempre en Hercios.
- C: La capacidad del condensador, siempre en Faradios.

Por cierto, la reactancia (Xc), siempre la mediremos en Ohmios (Ω).

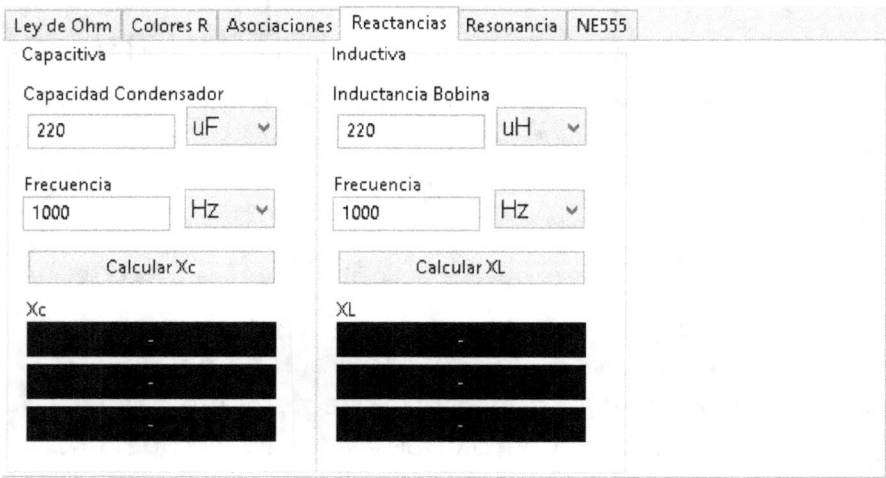

Una trampa... se llama Hiper Calculadora...

Venga, pues vamos a recalcular la fórmula. Primero calculamos la parte inferior de la división (Divisor).

$$Divisor = 2 \times 3.14 \times 500 \times 0{,}0000001$$

$$Divisor = 0{,}000314$$

Recordad que 100nF son 0,0000001 Faradios.

Por lo tanto, para saber la Xc a 500 Hz de 100 nF, simplemente deberemos de dividir 1 entre 0,000314…

$$X_C = 1 / 0{,}000314$$

$$X_C = 3184{,}71 \ldots$$

¿3184,71 qué? ¿Amperios, voltios…?

¡Ohmios! Luego, redondeando un poco, la Xc sería de 3185 Ω

Pues ahora que conocemos su reactancia (Que recordamos que era algo así como una resistencia), podremos aplicar la *Ley de Ohm* para conocer la corriente (Intensidad) que circula por el circuito.

$$I = \frac{V}{R} = \frac{10(Voltios)}{3185(Ohmios)} = 0{,}0031397174254317 \, Amperios$$

Vamos, que ajustándonos un poco, podremos decir que la Intensidad del circuito son 3,13 mA.

¿Ves qué fácil? Si al final solamente necesitamos una calculadora… el resto es simplemente una formulilla muy sencilla.

Pero vamos a ver qué tal se te da esto. ¿Podrías calcularme la corriente que circula por este circuito?

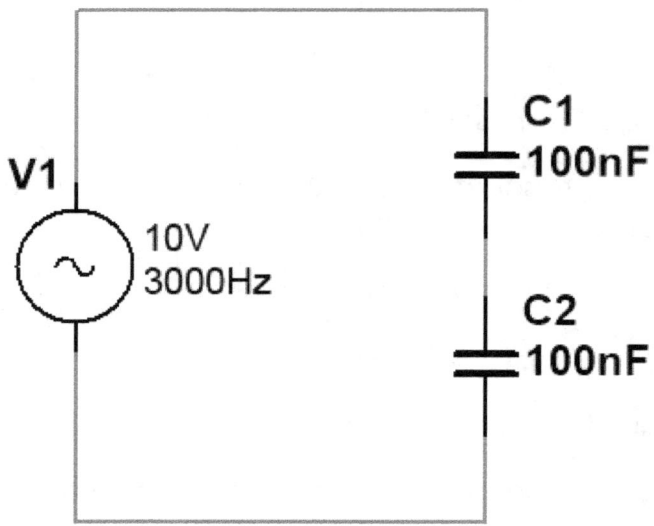

Condensadores electrolíticos

Para explicaros esta parte, os traigo a mi amigo Kalvín, que es uno de esos electrolíticos que pone el título, (Lo llamamos así por esa pequeña calvilla que tiene...)

Dentro de los condensadores existen muchos tipos, y uno de los más usados es aquel que llamamos Electrolítico.

¿Y sabéis por qué? Porque dentro, su dieléctrico, ese aislante que separa las placas, está mojado en un líquido que se llama *Electrolito*.

Funciona igual que los otros, que los cerámicos o de papel, pero con una peculiaridad... que está Polarizado. Es decir, tiene una patilla positiva y otra negativa.

Lo normal es que siempre esté marcado el pin (Patilla) negativo con unas rayas que tiene a lo largo el cuerpo del condensador. También se identifican cuando son nuevos (Que aún no se soldaron nunca) porque el pin negativo es

más corto que el positivo.

Por otro lado, el valor de capacidad siempre va escrito tal cual sobre él. Pero además nos da otro dato, que es la tensión que aguanta (Si le aplicamos más voltios de los que pone, pues se quemará).

Normalmente se emplean cuando usemos corriente continua, o una que llamamos *Corriente Pulsante*, ya que varía su tensión, pero siempre siendo positiva (O negativa, depende de cómo midamos con los cables del voltímetro).

Más adelante veremos una cosa muy interesante sobre la corriente pulsante, y claro está, de cómo usarla para nuestros propósitos.

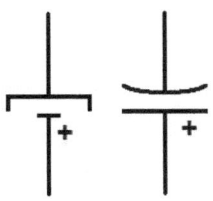

En los esquemas electrónicos solemos representarlos de dos maneras, las dos que os pongo aquí al ladito.

Fijaros que uno de los pines pone que es el polo positivo, aunque realmente, como las placas del dibujo son diferentes, la gran mayoría de las veces no se escribe ese +.

¿Y sabéis cómo se asocian? Pues de la misma manera que los condensadores *normales*...

En la imagen de la página siguiente, C1 y C2 están en serie, y como son iguales, podemos calcular el valor total así:

$$Ct = \frac{C1}{n} = \frac{1(uF)}{2} = 0,5 \, uF$$

¿Os fijáis que en vez de poner a Mi (µ), pongo una "u"? A veces también hacemos eso... Cosas de electrónicos...

¿Y cuánto valdrá el valor total de C3 y C4? Pues como están en paralelo, simplemente los sumamos:

$$Ct = C3 + C4 = 1(uF) + 1(uF) = 2 \, uF$$

Fácil... ¿eh...?

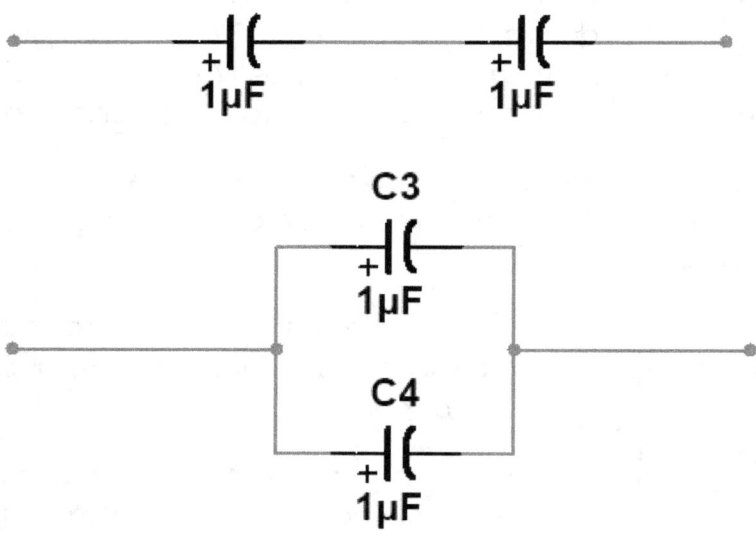

¡Ah! Una cosa que no os había dicho, y es que a estos condensadores no podremos aplicarles una CA, se quemarían…

CAPÍTULO 6
Enrollándonos con Las Bobinas

Para explicaros estos nuevos componentes, he traído a mi amiga Ovejina, que es una Bobina (También es bovina...).

Y es que os fijáis en su cabeza, en vez de frondosa lana tiene un arrollamiento de hilo de cobre, que al final es eso, una bobina (Con dos *Bes*).

Si al final hacer nuestras propias inductancias (Otro nombre que le damos a las bobinas) es muy fácil, simplemente necesitamos un bolígrafo o lápiz y un trozo de cable rígido, como por ejemplo la fotografía de aquí debajo, que es de cobre.

¿Pero qué tiene de especial una bobina, si al final es solamente un cable *enrollado*?

Bueno, se usan para varias cosas, pero en lo que todas coinciden es que generan un *Campo Magnético* a su alrededor cuando le aplicamos electricidad.

Es decir, se convierte en una especie de imán...

En la imagen de la página siguiente podemos ver que al aplicarle una corriente eléctrica (Que ponemos como I), se crean unas líneas invisibles magnéticas, y que además, van en el mismo sentido que la corriente. Fijaos que la I entra por la izquierda y las líneas magnéticas van también hacia la izquierda.

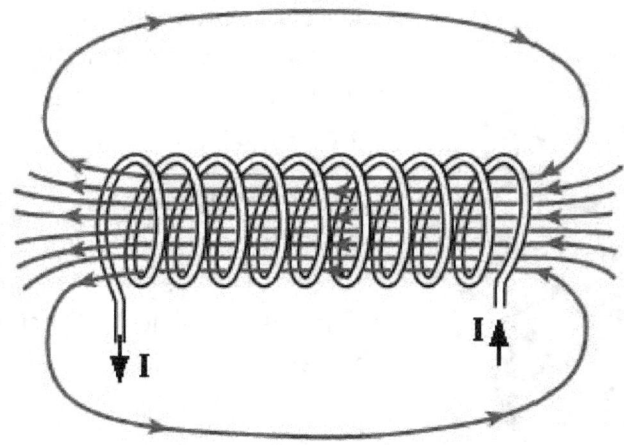

Pues a esto lo llamamos *Inductancia*, y para no liarnos con la Intensidad, en vez de una i, ponemos una L. Por cierto, se mide en *Henrios* (Ya sabes, por un físico que se llamaba *Joseph Henry*).

Normalmente dibujamos a las bobinas en los esquemas de esta manera cuando tienen un núcleo (La parte interior) de aire.

Pero si lo tienen de otro material, por ejemplo hierro o algo que llamamos Ferrita (Parecido al hierro), sería este.

¿Y para qué se pone hierro o ferrita dentro de una bobina?

Pues para que el campo magnético *fluya mejor*... es decir, se aprovecha mucho mejor su inductancia, haciendo que la misma bobina que antes tenía aire y ahora ferrita, la aumente.

Volviendo a lo anterior, pues esto pasa cuando le aplicamos una corriente continua, pero si le aplicamos una alterna, en la que de repente la I vaya en sentido contrario, el campo magnético que está rodeando la bobina se queda más tiempo que el sentido de la corriente...

A ver si me explico un poco mejor. El campo magnético dura más que el cambio de sentido eléctrico.

¿Y qué sucede con eso? Pues algo así como antes con los electrones de los condensadores. El nuevo campo que quiere generarse en el sentido opuesto, se encuentra con el que ya estaba, y chocan...

Reactancia Inductiva

Pues a esta característica de las bobinas se llama *Reactancia Inductiva*, y como pasaba con la capacitiva, también se mide en ohmios y depende de la frecuencia de CA.

Para calcularla deberemos de usar una fórmula muy parecida a la otra, pero un poco más sencilla.

$$X_L = 2\,\Pi\,f\,L$$

Simplemente hemos de multiplicar 2 veces Pi (3,1415) por la frecuencia (Siempre en Hercios) y por la inductancia siempre en Henrios, ya que es una medida muy alta y casi siempre usamos microhenrios (uH) o milihenrios (mH).

Vamos a verlo con un ejemplillo.

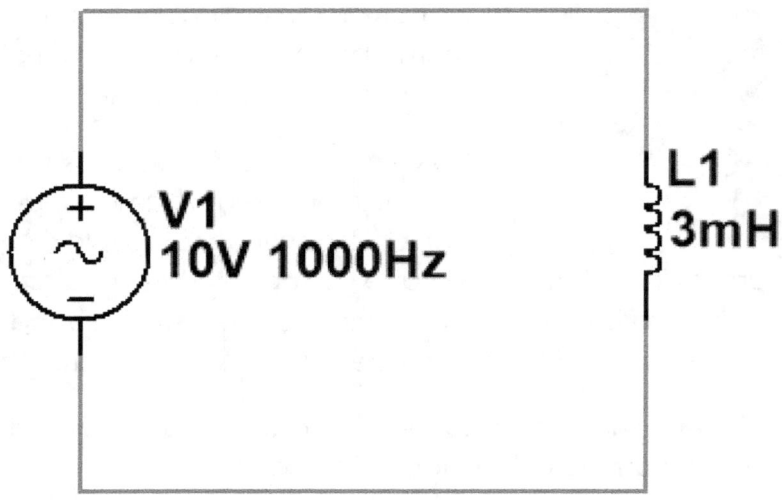

Primero pasamos los mH a Henrios, que son 0,003. Y nada, después simplemente multiplicar.

$$Xl = 2 \; x \; 3{,}14 \; x \; 1000 (Hz) \; x \; 0{,}003 \; (H) = 18{,}84 \; \Omega \; (Ohmios)$$

¿Y creéis que se puede calcular la intensidad que circularía por el circuito? ¡Claro! Vamos a invocar a Ohm...

$$I = \frac{V}{R} = \frac{10}{18{,}84} = 0{,}53 \; A$$

O de otra manera, 530mA. ¿Lo calculas con la *Hiper Calculadora*? ¡Seguro que es más fácil!

Diseño de Bobinas

Ya os había dicho que normalmente podemos fabricarnos nuestras propias inductancias. Simplemente deberemos de aprendernos una sencilla fórmula (Ojito... esta formulilla solamente sirve para bobinas con núcleo de airecillo).

$$L = 0{,}394 \frac{N^2 d^2}{18d + 40l}$$

Podréis observar que aquí no hay ni *Píes*, ni frecuencias ni nada de eso... pero tenemos unas letras nuevas. Para entenderlas, vamos a echar mano de un dibujo:

"l "es la longitud que ocupa en total la bobina, y hemos de ponerla en centímetros.

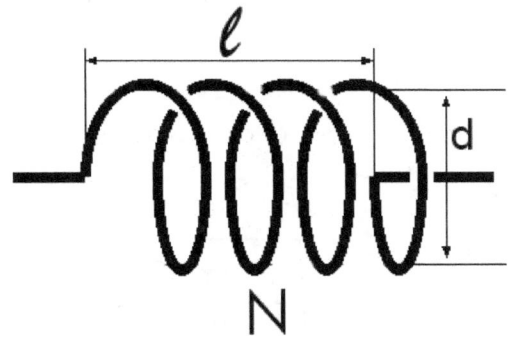

"d" es el diámetro, y al igual que la anterior, en centímetros.

Por último, "N" es el número de vueltas (Se llaman espiras, nunca digáis vueltas...) de la bobina.

Por cierto, L, la inductancia, nos la dará en microhenrios (uH).

Vamos a ver un ejemplo:

Calculemos la inductancia de una bobina de 10 espiras con una longitud de 1 centímetro y un diámetro también de 1cm...

$$L = 0{,}394 \frac{10^2 x\, 1^2}{18x1 + 40x1} = 0{,}394 \frac{100}{58} = 0{,}68\, uH$$

Sencillito, ya veréis que en electrónica casi siempre usamos fórmulas de este tipo, aunque bueno, existen otras muchas para calcular inductancias, y algunas creedme que bastante liosas...

Pero ahora... ¿Qué pasa si quiero calcular una bobina de la que sé el valor de la inductancia?

Lo ideal sería que despejáramos algún dato de la fórmula principal, pero vamos a hacerlo más sencillo.

$$N = \sqrt{\frac{L\,(18d + 40l)}{0{,}394 d}}$$

Así pues, tomando los datos del cálculo anterior...

$$N = \sqrt{\frac{0.68 \times 58}{0{,}394}} = \sqrt{100{,}101} = 10{,}005$$

Qué bueno, siempre tenemos algún errorcillo por eso de no poner todos los decimales...

¡No mires los números! Con la práctica ya verás que sencillito es.

Pero también podremos usar la *Hiper Calculadora* para estos menesteres, pues la vida nos será mucho más fácil con ella.

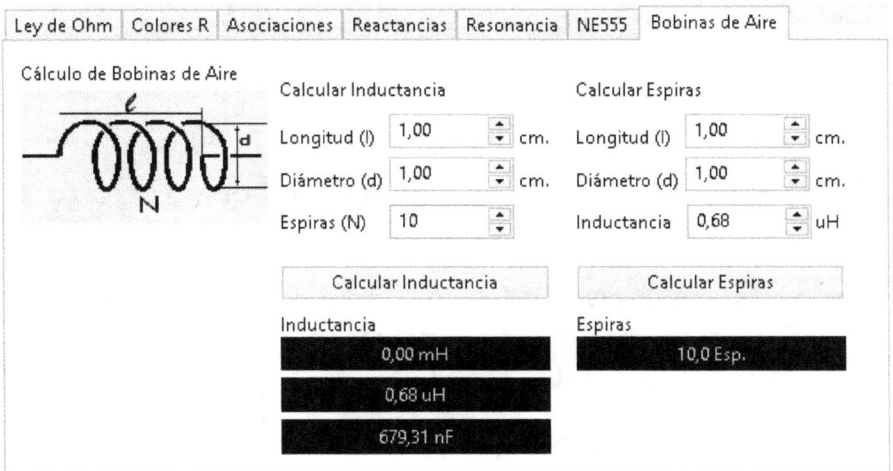

Ya para casi terminar este capítulo, vamos a ver un nuevo componente... aunque bueno, realmente no lo es. Es una *Máquina Estática*.

Transformadores

Una aplicación muy interesante en la que intervienen las bobinas, es un aparato que llamamos *Transformador*.

Los hay de varios tipos, y los más usuales son los que transforman tensión.

¿Sabéis que pasa cuando colocamos una bobina cerca de otra a la que le aplicamos CA?

Pues que la segunda transforma la energía del campo magnético otra vez en energía eléctrica.

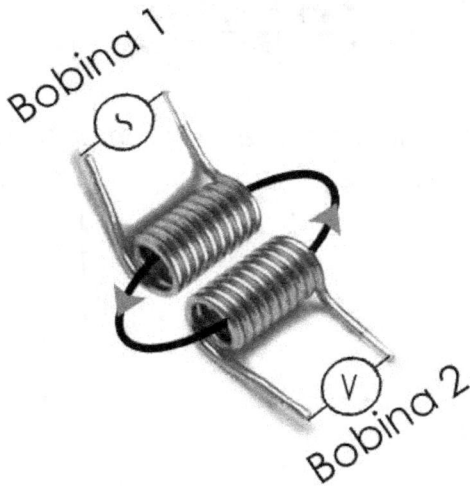

En la imagen de arriba vemos que a la bobina 1 conectamos un alternador, un generador de corriente alterna. Pero a la 2, conectamos entre sus extremos un voltímetro... Pues bien, en este podremos leer un voltaje que será en función de una cosa que llamamos *Relación de Transformación*.

No os explicaré ni cómo se calcula, ni de dónde sale, ni na de na... simplemente quiero que sepáis que existe y que se pone como si fuera una división.

Por ejemplo, si me dicen que tengo un transformador con relación 1:4, significa que la tensión en una de sus bobinas será 4 veces mayor o 4 veces menor, todo depende de cual elija para aplicarle el voltaje.

Vamos a verlo con voltios. Si en la bobina 1 metemos 10 voltios en un transformador con relación 1:4, en la bobina 2 tendríamos 40 voltios, cuatro veces más.

Pero si metemos 10 voltios en la bobina 2, en la 1 tendríamos 2,5 voltios, cuatro veces menos.

A la bobina 1 la llamamos Primario, y a la bobina 2, Secundario.

Ahora bien, podemos hacer varios tipos de transformadores, y los más usados son los que tienen un núcleo de láminas de hierro y suelen tener forma cuadrada.

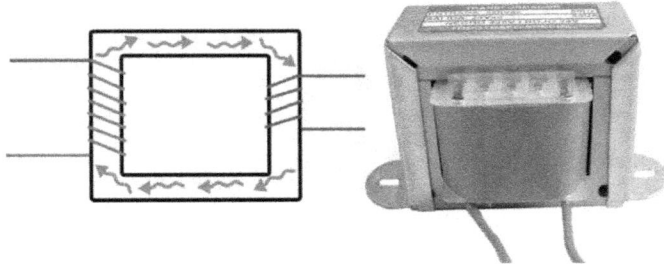

Tienen cuatro cables o bornes (Conectores) separados de dos en dos, unos para el primario y otros para el secundario.

Es común que nos encontremos con transformadores que digan que son de 220/12, esto quiere decir que si al primario aplicamos 220 voltios, en el secundario tendremos 12.

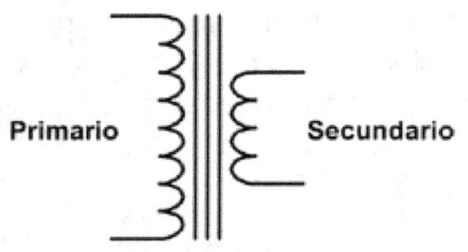

Ummm... por cierto, en los esquemas electrónicos ponemos el símbolo este.

Otra cosa, y es que a veces existen transformadores de relación 1:1, es decir, en el secundario tendremos la misma tensión que en el primario.

Y otra más. Cuando montamos circuitos de radio, muchas veces montamos los transformadores sobre aire... y otras veces sobre un cacharro que se llaman *Toroide* y que es de ferrita que veremos pronto.

Impedancias

¿Os suena algo de eso de que nuestras emisoras, antenas, e incluso los cables, tienen una impedancia de 50Ω?

Pues es verdad... Quizás sea un poco complicado de explicar en pocas palabras. Pero quedaros con una cosa por si un día os da por estudiar electrónica en profundidad: *Hay que imaginarse números.*

Realmente no es otra cosa que la unión de las distintas reactancias que existen en un circuito, algo parecido a como calculábamos la resistencia equivalente cuando poníamos varias en serie o paralelo. Pero en vez de resistencias, con componentes capacitivos e inductivos.

Normalmente la llamamos Z, y se mide en ohmios como cualquier otra resistencia o reactancia.

¡Pero! Existe una pega con esto de las impedancias, ya que cualquier circuito que contenga partes capacitivas e inductivas, para que la señal pase en su totalidad, o al menos la gran parte de ella, debe de ser igual entre dos circuitos... o entre un circuito y un cable... o un cable y una antena... vamos, que siempre hemos de conectar nuestros aparatos con la misma impedancia.

Ojo, no solamente los aparatos, pues los circuitos de las diferentes partes de un transmisor o receptor también han de estar perfectamente adaptados, es decir, que sus impedancias sean iguales (O lo más parecido posible).

CAPÍTULO 7

Los casi conductores, bueno, Semiconductores

Habíamos visto que los conductores eran materiales capaces de hacer saltar electrones dentro de ellos cuando aplicamos electricidad.

Pues bien, os traigo a Silicatino desde el sur de Italia, que es mi amigo desde la infancia, para explicaros esta cosa nueva que llamamos *Semiconductores*.

Y es que Silicatino está hecho de un cristal que se llama *Silicio*, al que hace un montón de años comenzaron a llenarlo de impurezas... No es que lo ensuciaran, pero si a doparlo (Añadirle algo de forma artificial) con otros elementos como el *Boro*, Fósforo, Arsénico...

¿Y qué se consigue cuando dopas un trozo de silicio? Pues cambiar sus características eléctricas.

El silicio (Y ojo, también a otros cristales como el *Germanio*) se puede dopar de dos maneras, añadiéndole impurezas que tengan más electrones (Por ejemplo con Arsénico) o con impurezas que tengan menos electrones (Por ejemplo con Aluminio).

Al primero lo llamamos *Dopaje de tipo N*, y al segundo, *Dopaje de tipo P*. Es decir, hay más electrones en el de tipo N (de Negativo) o más protones en el de tipo P (de Positivo).

Una vez que tenemos silicio dopado, podemos comenzar a jugar con estos nuevos materiales, y casi siempre, solemos representarlos por cuadrados de color azul (*Tipo N*) y rojo (*Tipo P*).

 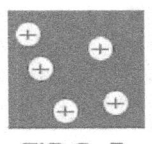 

TIPO N   TIPO P   SILICATINO

Diodos

¿Qué pasaría si unimos dos trozos de silicio dopados, uno de tipo N y otro de tipo P?

Pues tenemos una unión N-P. Y ahora viene lo curioso... Si aplicamos una corriente eléctrica a esta unión, los electrones se moverán (Circulará la corriente) solamente cuando tengamos tensión positiva en el de tipo P y negativa en el de tipo N. Si colocamos al revés, habrá una serie de conflictos internos que hacen que los electrones se atasquen en la frontera de la unión.

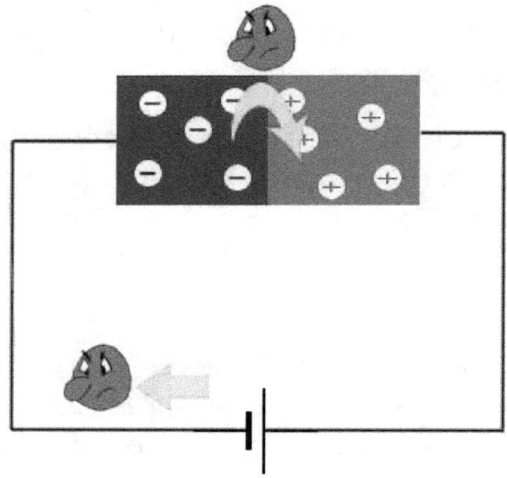

Aquí tenemos lo que pasa cuando conectamos una pila o batería a la unión NP. Vemos que un electrón sale del polo negativo y se encuentra con el material de tipo N primero, como tiene más electrones de lo que esperaba encontrarse, va saltando por ellos hasta llegar al de tipo P. y allí, como ahora el que sobra es él, circula sin más para poder volver de nuevo al polo positivo de la batería. (Ojo, realmente es que se intercambian electrones entre el N y el P).

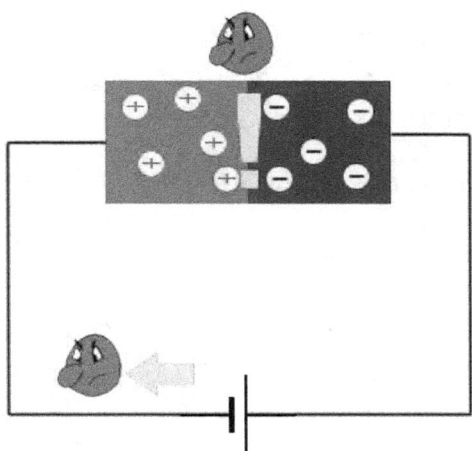

Y aquí tenemos lo que sucede cuando conectamos inversamente una batería a la unión NP. El electrón sale tan campante del polo negativo y se topa con el material de tipo P. Allí hay átomos con más protones que los que se esperaba, y cuando llega a la frontera entre los dos materiales, resulta que no puede moverse, ya que ellos no pueden intercambiar electrones en ese sentido, hay más electrones del otro lado y es imposible ya pasar otro.

Bueno, pues a esta unión NP, la llamamos *Diodo*.

Resulta que los diodos ya llevan existiendo mucho más tiempo que los semiconductores, aunque antes se hacían con unas burbujas de cristal llamadas *Válvulas de Vacio*.

Pero no es el fin de estas líneas, simplemente sabed que existían y se usaban de la misma manera que los modernos *Diodos Semiconductores*.

 Por cierto, Semiconductor se dice que es un material que conduce la corriente eléctrica en determinadas circunstancias, no que la semiconduzca ni nada de eso...

Volviendo a lo que nos atañe. Hoy en día empleamos unos componentes electrónicos que se llaman Diodos hechos con cristal de silicio o germanio.

Los empleamos con varios fines que iremos viendo, y sabed, que tiene dos pines, el que corresponde con el material de tipo P llamado *Ánodo*, y el que corresponde con el de tipo N llamado *Cátodo*. Se suele decir que el primero es el positivo y el segundo el negativo.

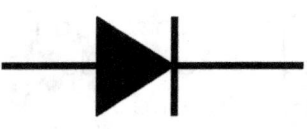 En los esquemas electrónicos empleamos el dibujo de aquí al lado, siendo el ánodo el triángulo, y el cátodo la raya.

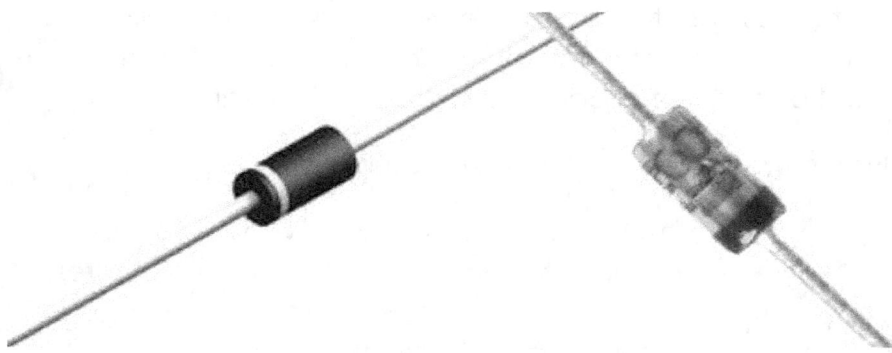

En el mercado los solemos encontrar como estos de la fotografía, unos que son negros y como de plástico, y otros anaranjados y como de cristal.

Pero siempre tienen una cosa en común, y es que tienen dibujada una raya en uno de sus pines. Esta raya corresponde con el cátodo, que también es la raya en el dibujo de los esquemas.

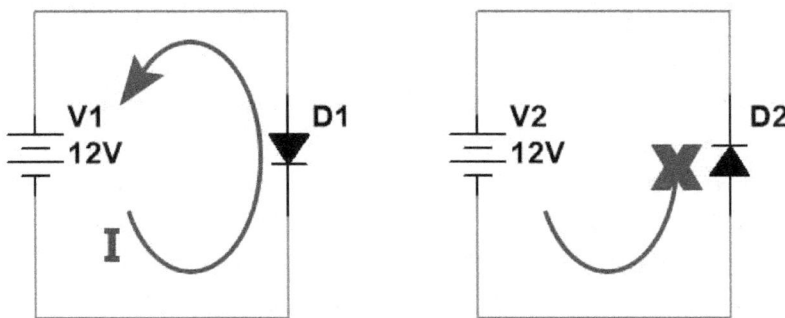

Ahora podemos observar los circuitos anteriores ya con el símbolo empleado del diodo, y como en el primero circula una corriente eléctrica, y en el segundo no, todo dependiendo de la polarización del diodo.

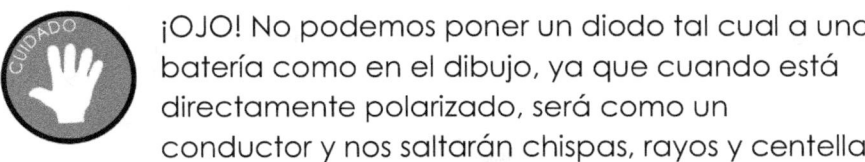

¡OJO! No podemos poner un diodo tal cual a una batería como en el dibujo, ya que cuando está directamente polarizado, será como un conductor y nos saltarán chispas, rayos y centellas (Vamos, que la intensidad será muy alta). Lo pongo así para que se pueda entender mucho mejor, al menos debería de haber una resistencia que regule el paso de la intensidad.

¿Aumentamos las capas del material impuro ese? ¡Vamos!

Transistores

Me recuerda a cuando mi abuela decía aquello de:

- *Dani, pásame el transistor para escuchar el parte.*

Y es que fue una revolución allá en los años 60 y 70 del siglo pasado. La gente estaba acostumbrada a sus receptores de radio a válvulas que eran pesados y grandes, y la llegada de unos aparatos que conseguía que fueran pequeños y ligeros les llamaba mucho la atención, y lo llamaban por ese componente que había conseguido reducirlos tanto.

¿Pero qué es exactamente? Pues bien, es un componente hecho de cristales semiconductores, y podemos encontrarlos de dos formas: Haciendo una unión PNP o NPN.

Actualmente la más usada es la NPN y es en la que nos centraremos. Pero sabed que existe otro tipo de *Transistor* y que funciona muy parecido, aunque no igual.

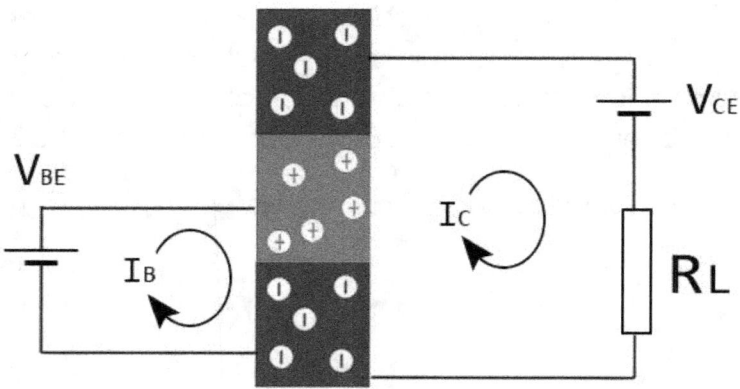

Pues aquí tenemos nuestra unión NPN, y como vemos, podremos aplicarle dos tensiones, una que irá entre la parte P y la N de abajo, y otra entre las dos N.

 A la capa de tipo N superior se llama *Colector*, y es que cuando se empleaban los PNP, por aquí llegaban los electrones (Los recolectaba…).

A la capa del centro, la de tipo P, se le llama *Base*, y nos sirve para regular el paso de electrones entre las otras dos.

Y la de abajo, la otra de tipo N, se le llama *Emisor*, ya que, como antes, los electrones salían por ella (Se emitían desde allí).

¿Qué significa eso de que la base regula el paso de corriente? Pues es que si aplicamos una tensión entre la base y el emisor, si llega a ser suficiente (al menos 0,3 voltios), comienza a dejar pasar electrones entre el emisor y el colector.

Según vayamos aumentando esa tensión, que por cierto se llama Tensión Base-Emisor (VBE), la corriente entre el emisor y el colector será mayor (Intensidad de Colector, IC).

Llegará un momento en el que si aumentamos tanto la VBE, que al final será como si el transistor fuese un conductor sin más.

Este efecto lo llamamos *Corte-Saturación*, al que si no aplicamos VBE, la IC será cero, y por el contrario, si aplicamos mucha tensión en VBE (Tensión de saturación), circulará toda la corriente IC, que será lógicamente la que nos marque la resistencia RL.

Pero si hacemos funcionar el transistor entre el mínimo y la tensión de saturación, la corriente IC será proporcional a la VBE, es decir, duplicamos la misma señal, aunque podemos hacer que sea más grande o más pequeña, es entonces cuando decimos que el transistor funciona como *Amplificador* o como *Atenuador*.

Para explicaros lo siguiente, primero os quiero enseñar el dibujillo que empleamos en los esquemas para el transistor NPN. También os pongo el PNP para que si alguna vez lo veis por ahí, que sepáis qué es.

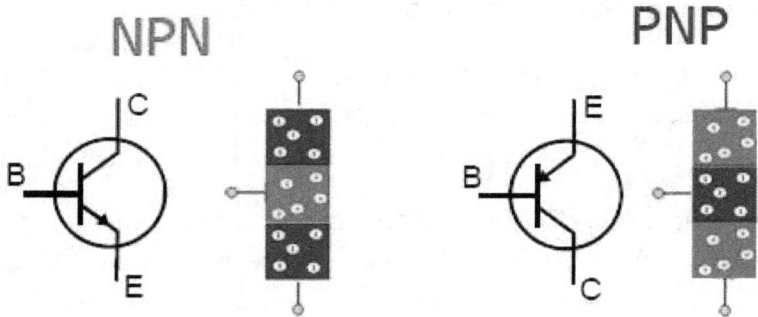

Una genial idea que me dio mi profe cuando me explicaba los dibujos del transistor, era que para diferenciarlos, el **NPN No P**incha... y el **PNP P**incha (El emisor a la base)

Vemos que la base siempre es esa raya a la izquierda, aunque bueno, a veces la podemos encontrar en otras posturas...

El colector es siempre el que no tiene la flecha dibujada, y el emisor el que la tiene... para que pinche, ya sabes...

Bueno, pues lo siguiente a ver será el uso del transistor en corte y saturación.

Corte y Saturación

Ya os lo había explicado, pero para entenderlo mejor, vamos a verlo con dos esquemitas:

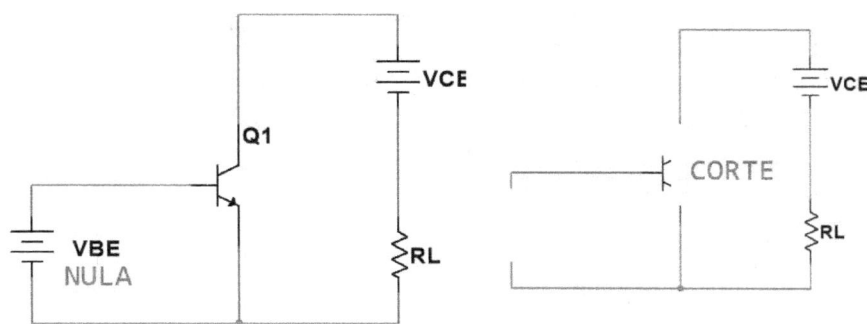

En el primero vemos que si no tenemos VBE (O es muy pequeña), el transistor, o más bien, la unión entre el colector y el emisor es como si no estuviera, entonces el circuito está abierto y no circula corriente...

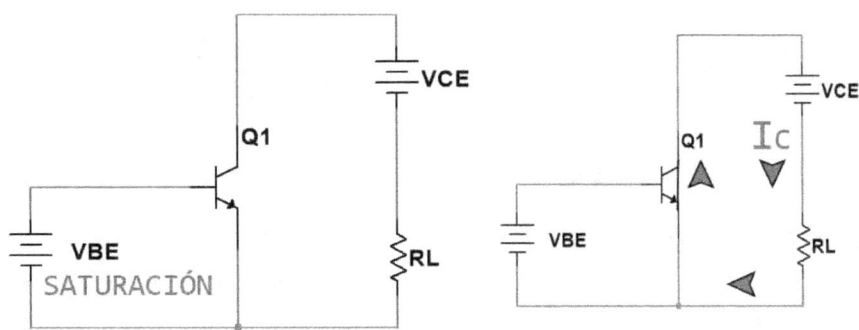

Y ahora podemos ver que si aplicamos la tensión de saturación que nos diga el fabricante del transistor, parece como si el colector y el emisor estuvieran unidos entre ellos, y claro, dejarían pasar la corriente como si nada se lo impidiera.

Amplificación y Atenuación

Recordad que también podemos hacer funcionar a los transistores entre valores intermedios... Es aquí cuando podemos usarlo para amplificar o atenuar una señal.

Si en vez de usar una corriente continua en VBE, hacemos que varíe, por ejemplo, con una que llamamos Pulsante(Es decir, que suba y baje, pero siempre positiva), la réplica de la señal que encontremos entre el colector y el emisor será muy parecida, o igual.

¿Lo vemos?

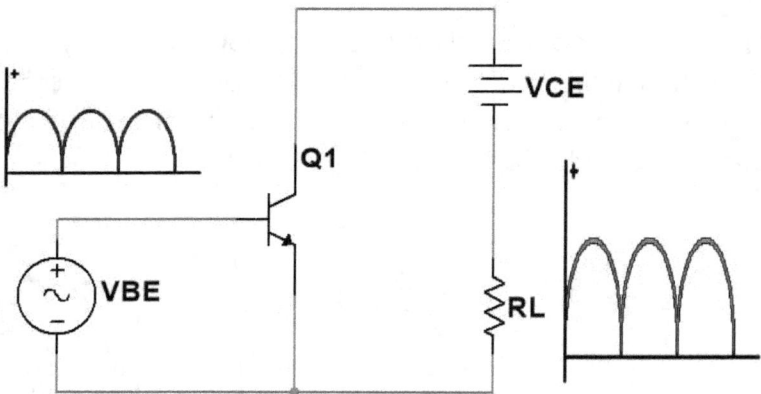

En este caso vemos que la señal en RL es mayor que la de la entrada (VBE), por lo tanto hablamos de *Amplificación*. En el caso contrario, hablamos de *Atenuación*.

Pero observamos que las señales siempre son positivas, si queremos emplear un transistor como amplificador de corriente alterna, deberemos de emplear unos pocos compontes más.

Para ello, vamos a ver un tipo de amplificador real que se llama Amplificador en *Emisor Común*.

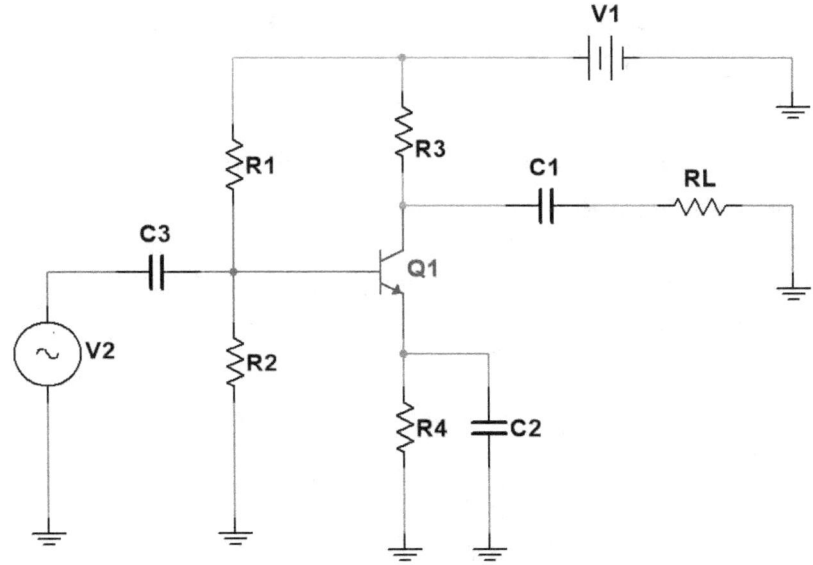

¿Os fijáis que ahora hay un nuevo componente? Aunque realmente no es un componente, es un indicador.

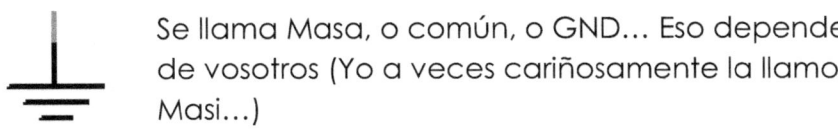

Se llama Masa, o común, o GND... Eso depende de vosotros (Yo a veces cariñosamente la llamo Masi...)

Y significa que toooodooos los cables y conductores que acaben en ella, están unidos entre sí.

También es verdad que casi siempre corresponde con el negativo de las baterías, y que además está conectado a la caja que contenga el circuito (Si es metálica, si es de plástico pues es como si no hubiera nada...)

El caso, ponemos una serie de condensadores, C3 y C1, para hacer una cosa que llamamos *Desacoplar*, ya que si dejan pasar la CA, pero no la CC.

Con el resto de resistencias lo que se hace es regular las tensiones, tanto la VBE como la VCE.

RL es la resistencia de carga que llamamos, puede ser un altavoz si es un amplificador de audio, o quizás otro transistor... todo depende del diseño del circuito.

Hoy en día es raro que empleemos un circuito así como amplificador, ya que harían falta muchas etapas (Muchos transistores puestos uno delante de otro). Por eso, y no solamente para amplificadores, usamos unos circuitos que ya están listos para usar. Los *Circuitos Integrados*.

Circuitos Integrados

¿Sabéis porqué he dibujado una cucaracha en la página anterior?

Es que la mayoría de Circuitos Integrados tienen muchas patillas, son negros, y sinceramente, parecen cucarachas. Y claro, cariñosamente los llamamos así.

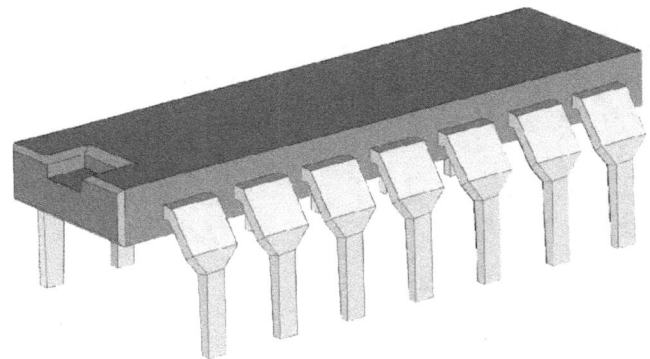

En realidad hay muchos tipos, y los podemos encontrar tipo bicho, como este de arriba, otros que parecen transistores, redondos, cuadrados... como te imagines.

Pero lo que todos tienen en común es que están diseñados para un propósito, y que bueno, todos tienen dentro un circuito muy complicado para evitarnos tener que montarlo nosotros.

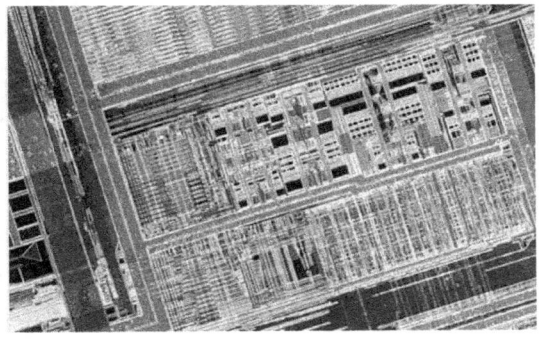

Como hay que verlos por un microscopio para observar el circuito, muchas veces también los llamamos micro-chips o chips.

El caso, nos podremos

encontrar de muchos tipos, por ejemplo:

- Amplificadores, tanto de sonido, como de señales...
- Reguladores, para poder estabilizar tensiones.
- Mezcladores, para mezclar varias señales.
- Procesadores, como los que llevan los ordenadores.
- Adaptadores, puertas lógicas... los que te imagines.

Lógicamente no vamos a ver aquí todos, es más, iremos viendo algunos según vayamos avanzando en el libro. Sería el primer libro con millones de páginas para explicar uno a uno todos los que existen...

Dani Manchado

CAPÍTULO 8

¡Vamos a comer!

La Fuente de Alimentación

¡Por fin vamos a ver una aplicación real de todo lo que hemos aprendido hasta ahora!

Y esto que veremos, será un aparato conocido como *Fuente de Alimentación*.

¿Y qué es eso que hace una FA (Para abreviar...)?

Sencillo, nos adapta la CA de un enchufe de casa a CC para poder usarla en aparatos que hagamos o compremos.

Lo primero que hace es reducir la tensión de 220 voltios en CA a una más pequeña, también en CA, mediante un transformador.

Después, y con ayuda de diodos, pasaremos esa CA a una tensión pulsante (Rectificar). La siguiente cosa que hace es filtrar la pulsante para hacerla parecer a una CC. Y por último, pues la estabilizaremos mediante un Circuito Integrado.

Realmente ya lo hemos visto todo, pero ahora lo haremos mucho mejor y con más detalle.

Diagrama de una Fuente de Alimentación

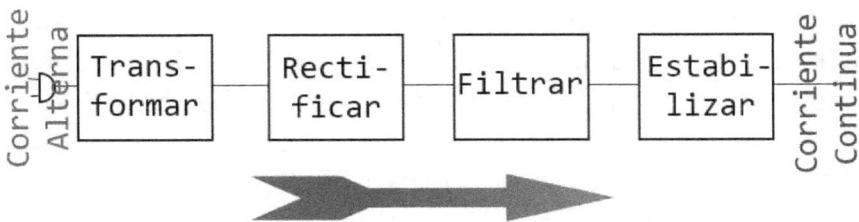

Vamos a partir de una premisa: Diseñar una fuente de alimentación que sirva para alimentar a nuestros equipos de radio, ya que todos, o normalmente casi todos, funcionan a una tensión de 13,8 Vcc.

Pero nos falta un dato, y es la *Potencia* que queramos que soporte nuestra FA. ¿Qué no os he hablado aún de la potencia? Pues vamos a remediarlo ahora mismo.

Potencia Eléctrica

Bien, pues esta nueva medida que aparece ahora va a depender de dos factores: De la tensión y de la intensidad. Pero además, lo hace de una manera muy sencilla:

$$P = V \times I$$

¿Nunca habéis escuchado eso de que tal o cual emisora transmite con 4, con 20 o con 100 *Vatios*? Pues esa es la medida de potencia, pero como señal que transmite una emisora es una de corriente alterna, los vatios se suelen referir a potencia eficaz, es decir:

$$Pef = Vef \times Ief$$

Ya que algunas veces, sobre todo en equipos un poco más antiguos, suelen dar el valor de potencia de pico (O de cresta...)

El caso, la *Potencia* se mide en *Vatios*, un valor que se llama así en honor de *James Watt*, uno de los padres de máquina de vapor (Los vatios no solamente se usan en electricidad, otras energías también pueden medirse así), y como abreviatura tomamos la del inglés, con W.

¿Vemos un ejemplo de cálculo de potencia? Adelante! Vamos a calcular la potencia que consume R1.

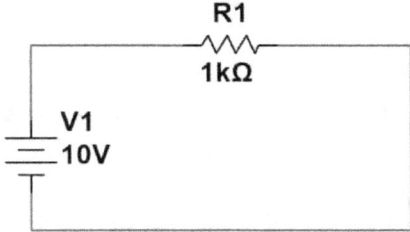

Lo primero que necesitamos saber es la corriente que circula por la R1.

$$I(R1) = \frac{V}{R1} = \frac{10(V)}{1000(Ohm)} = 0,01 \; Amperios$$

Ahora con esto, simplemente hemos de aplicar la fórmula de la página anterior,

$$P(R1) = V \times I(R1) = 10 \; (V) \times 0,01 \; (A) = 0,1 \; Vatios$$

Pues esta resistencia de 1KΩ, cuando le aplicamos una tensión de 10 V, nos consume una potencia de 0,1W.

¿Y si aumentamos la tensión, a por ejemplo, 1000 voltios?

$$I(R1) = \frac{V}{R1} = \frac{1000(V)}{1000(Ohm)} = 1 \; Amperio$$

$$P(R1) = V \times I(R1) = 1000 \; (V) \times 1 \; (A) = 1000 \; Vatios$$

¿Ves que no aumenta proporcionalmente? Antes con 100 veces menos voltios, teníamos 10000 veces menos potencia. ¿Curioso eh?

Pues en corriente alterna también podemos calcular potencias... ¡Pero! Aquí deberemos de tener en cuenta una cosa, y es que entre la tensión y la intensidad existe una cosa que se llama *Desfase* y se mide en grados. No vamos a meternos con ella, pero sabed que no se emplea la misma fórmula.

Elección de los componentes para la FA

Bien, como os comentaba hace nada, hay que determinar los componentes que vayamos a usar en función de la potencia que sea capaz de entregar la fuente.

Normalmente las FA suelen indicar los amperios que entregan, pero como ya sabemos la fórmula de la potencia, es sencillo de calcular. Por ejemplo, para los equipos de HF que transmiten con 100 W eficaces, recomiendan una fuente que entregue como mínimo 20 amperios. ¿Qué potencia soporta esta fuente? Pues simplemente multiplicamos los 20 amperios por los 13,8 voltios, y da 276 vatios.

¡Ojo! Estamos hablando de CC, que al final sería como el pico (Ya veremos) de la CA, por lo tanto, para calcular el valor eficaz recuerda que teníamos que multiplicar por 0,707.

Esto nos da una potencia eficaz de 195 W. ¡Pero! Nuestra emisora no solamente consume la potencia que transmite, ya que toda la electrónica que usa también tiene consumos. Doblar la potencia de la fuente a la de salida es una buena manera de estimar la necesaria.

Vamos a comenzar a diseñar una fuente que sea capaz de entregarnos unos 25W, vamos, que a los 13,8 voltios nos soporte 1,8 amperios más o menos.

Para ello buscaremos un transformador que nos indique una relación de 220 a 12, y que soporte al menos 25W.

El resto de componentes los iremos seleccionando según la potencia (25W) y la intensidad que circulen por ellos (2 A).

Rectificadores

¿Os acordáis de los diodos? ¿Y qué dejaban pasar la electricidad en un solo sentido?

Pues vamos a aprovecharnos de ellos para rectificar nuestra corriente alterna.

Si en un generador de CA (O un transformador...) colocamos a la salida un diodo, después de este solamente tendremos la parte positiva de la señal, o negativa si lo polarizamos inversamente.

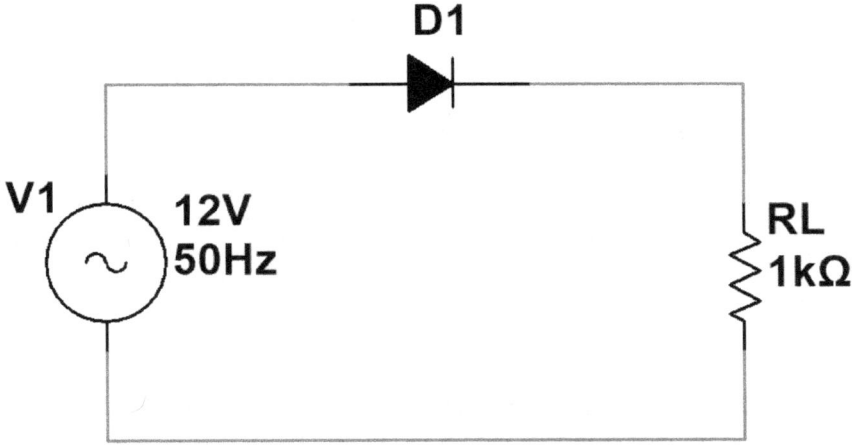

Estas son las medidas hechas con un aparato que se llama *Osciloscopio* en el circuito anterior.

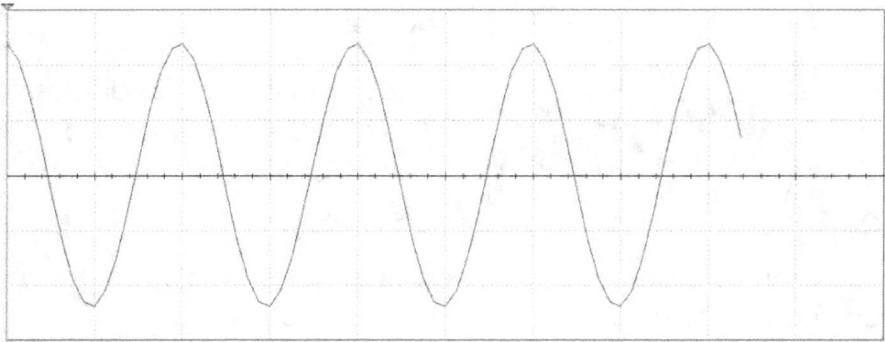

Vemos que del generador, la onda esta enterita, con sus partes positivas y negativas. Pero... si medimos en la resistencia, que está justo después del diodo, nos encontramos con esto.

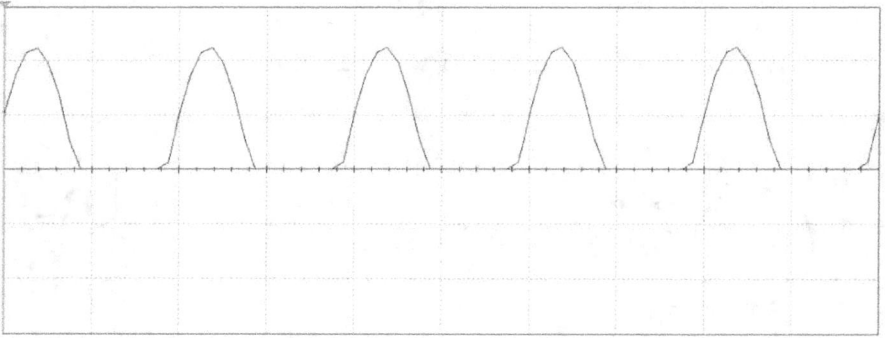

¿Qué ha pasado con la parte negativa de la onda? Pues literalmente el diodo no la ha dejado pasar y ahora nos encontramos con una *Corriente Pulsante de Media Onda*.

Y se llama de media onda, porque la otra mitad... se la comió el diodo...

¿Os acordáis de una cosa? Veréis, cuando en la primera mitad de un ciclo de CA un polo es positivo, el otro es negativo, pero en la segunda mitad el primero pasa a ser negativo... y el segundo ¡es positivo!

Pues podremos aprovecharnos de esta característica de la CA uniendo unos diodos más para hacer una señal pulsante mucho mejor.

Vamos a ver el circuito.

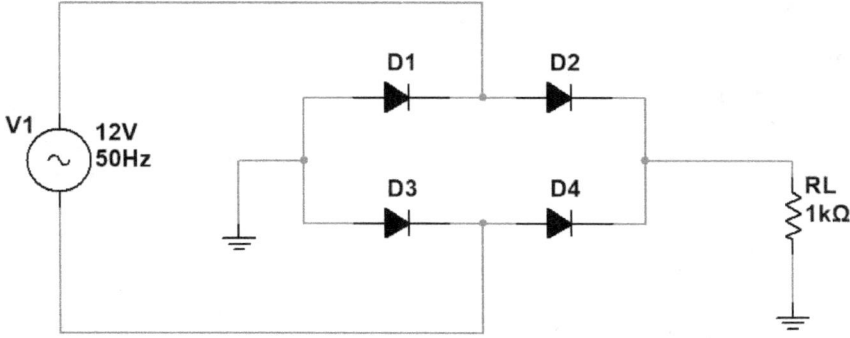

¿Os vais imaginando ya cómo funciona? No importa, vamos a verlo con los dos semiciclos (La mitad de un ciclo).

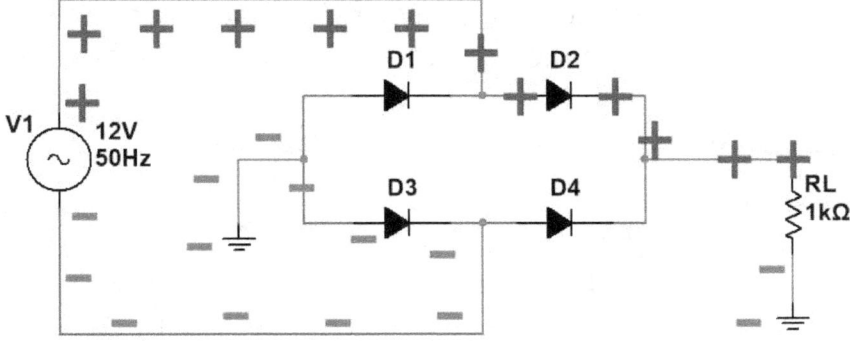

En el primer semiciclo, el positivo está en el terminal superior del generador, y como podemos observar, el positivo continua por D2, ya que por D1 se lo encuentra en oposición y llega la señal positiva a la resistencia RL. En el otro terminal del generador tenemos el negativo, que sigue por el cablecillo hasta D3 y D4, estando este último en oposición y no quedándole otro remedio que seguir por D3 que va a masa, y de la masa aparece de nuevo en la resistencia.

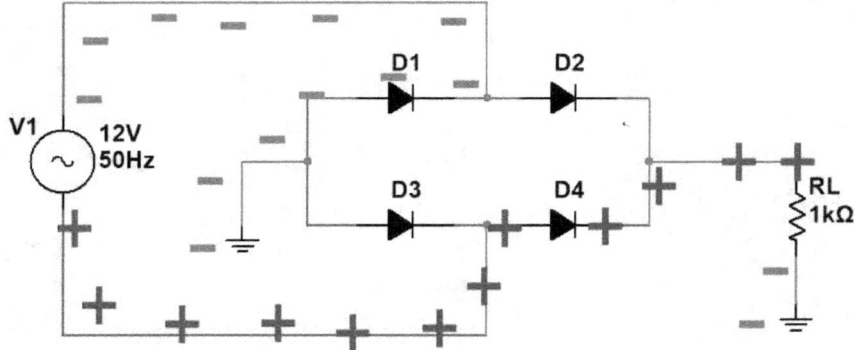

En el segundo semiciclo, el positivo de la CA estará en el terminal inferior del generador, y como pasaba antes, ahora se encuentra directamente polarizado D4. El terminal negativo estará en la parte superior y se encontrará directamente polarizado D1.

¿Y os habéis dado cuenta de algo más? Fijaos en la resistencia RL... ¿Dónde tiene el positivo en todo momento?

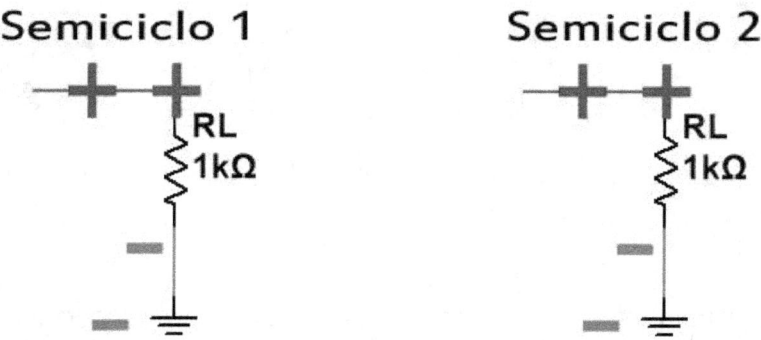

¡Claro! Hemos conseguido que siempre esté positivo el mismo terminal de la resistencia RL.

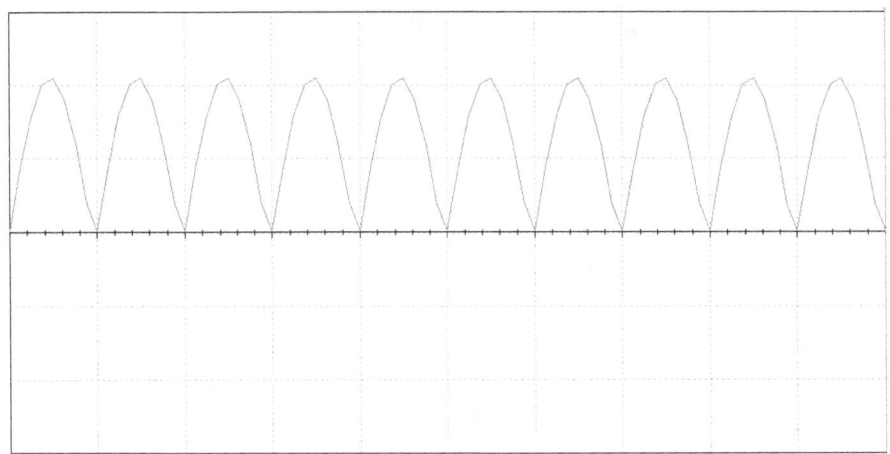

Podremos ver en el osciloscopio cómo la onda ahora está completa, es por ello que a este tipo de rectificador se le llama *Rectificador de Onda Completa*.

Antiguamente se le llamaba de doble onda, pero realmente no dobla la señal, ni la duplica, ni nada. Simplemente aprovecha los dos semiciclos de la CA.

 Por cierto, no hace falta montar los diodos en puente, ya que existen unos circuitos integrados que lo son (Realmente son solamente 4 diodos…). Además, tienen su propio dibujo para los esquemas.

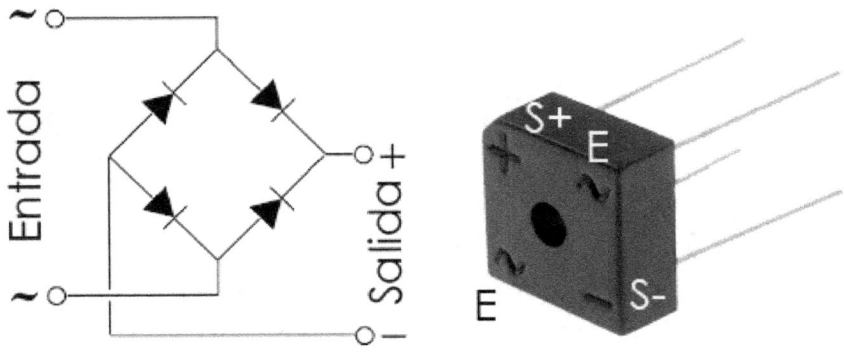

Filtrado de la Corriente Pulsante

¿Cómo podríamos hacer para convertir esa pulsante en algo más parecido a una corriente continua?

Mediante filtros. Y podemos usar componentes que ya conocemos, como por ejemplo los condensadores electrolíticos y las bobinas.

Vamos primero con los electrolíticos, ya que nos aprovecharemos de su capacidad de retener la energía cuando se les aplica corriente continua.

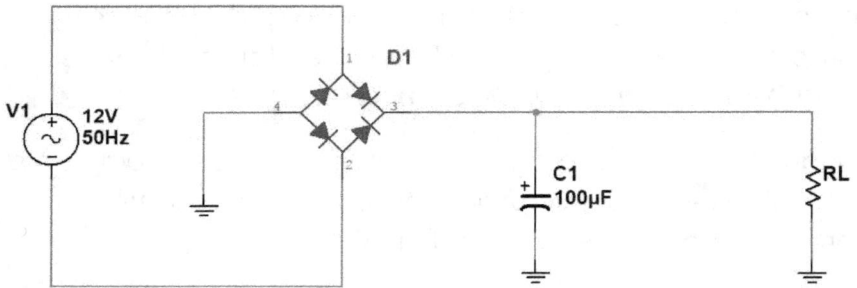

Como el condensador es capaz de cargarse y mantener la electricidad durante un tiempo, cuando le aplicamos una corriente pulsante, esta pasa a parecerse un poco más a la CC.

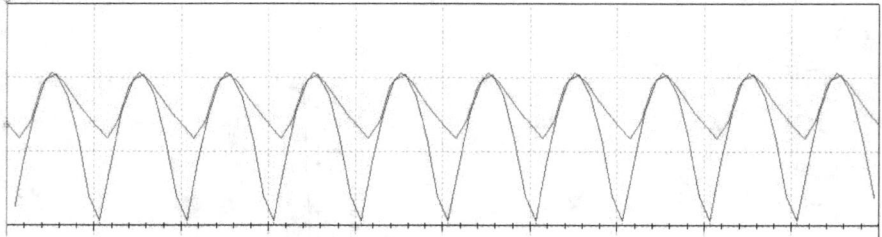

En la señal de color azul podemos ver la tensión cuando no existe el filtro (No está conectado el condensador), y en la roja cuando sí lo está. La diferencia es que el condensador queda cargado cuando llega al pico, pero va descargándose más lentamente, y como vuelve a encontrarse con la señal inicial antes de que se descargue completamente, se une a ella para cargarse de nuevo.

Por lo tanto, ya nos encontramos con una señal todavía pulsante, pero mucho menos.

¿Filtramos más? Venga, vamos a colocarle una bobina.

¿Recordáis que las bobinas en CC son simplemente un conductor, pero que en CA se comportan como una resistencia por su reactancia inductiva? Pues la pulsante, en parte también es CA, ya que varía.

Por lo tanto, una bobina puesta en serie con la carga deja pasar toda la continua, pero se opone al paso de la alterna.

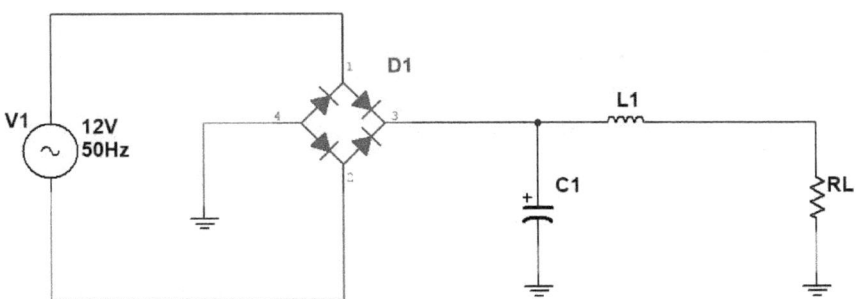

Y la señal que obtendríamos en la resistencia RL sería la siguiente.

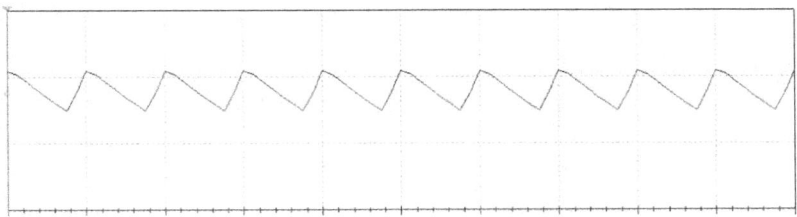

Mucho menos rizada que la anterior... Es vedad, llamamos *Rizado* a la forma de la onda que era pulsante y pasamos por filtros para hacerla parecer a una corriente continua.

Pero para filtrarla aún mucho más, vamos a poner otro condensador... esta vez, justo después de la bobina.

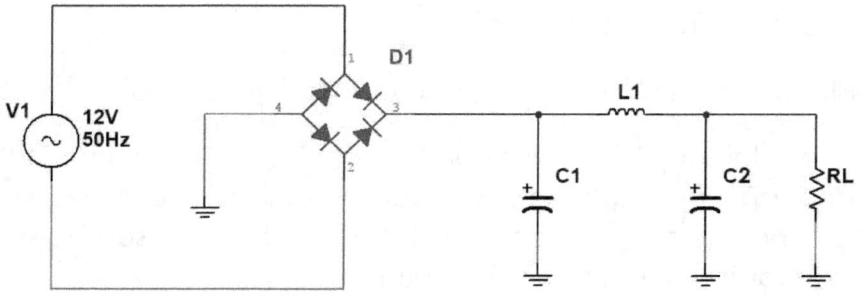

¿No se parece a la letra griega Pi (Π)? Por ello llamamos a este filtro Pi...

La onda resultante de pasar la pulsante por el filtro Pi sería algo así.

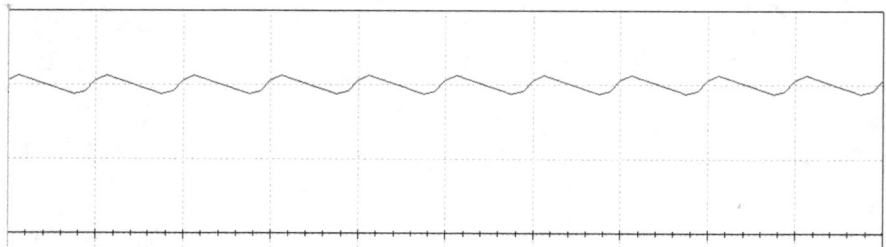

Pero aún tiene bastante rizado... menos que antes, pero tiene.

Para terminar de convertirla en una verdadera CC, necesitamos echar mano de los circuitos integrados.

Para estabilizar, y que ya por fin nuestra señal pulsante se convierta en continua, usaremos un integrado específico para ello. Se llama estabilizador, y veremos uno que se llama 7812.

Se trata de un componente de la conocida como familia 78/79xx, en donde la xx nos da el valor de la tensión estabilizada a su salida.

Un ejemplo de su uso es el siguiente.

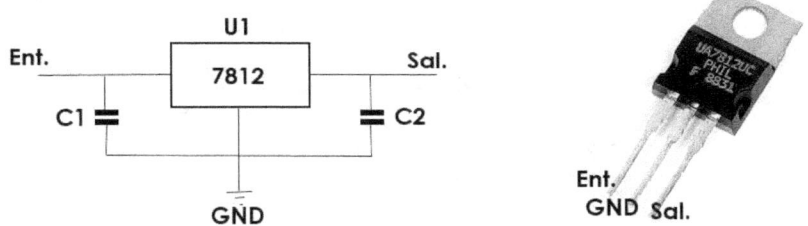

Y justo a su derecha una fotografía en la que me ha posado tumbado. Ojo, este es el más usual, pero hay otros miembros de la familia que son más pequeños. (Este aguanta hasta 2 amperios, los pequeñitos solamente 0,5).

Con el estabilizador no es necesario un gran filtrado, simplemente podemos usar un par de condensadores, uno a la entrada y otro a la salida.

¿Pero no os había dicho que las emisoras funcionaban a 13,8 V y este da 12 estabilizados? Si. La verdad es que si. Pero podremos conectarle unos cuantos componentes a su alrededor para ajustarlo a nuestras necesidades.

Para ello vamos a tomar un circuito típico de FA de radioaficionado, el que vemos en la siguiente página.

Por cierto, el circuito ya estará completo con el transformador, el rectificador, el filtro y el estabilizador.

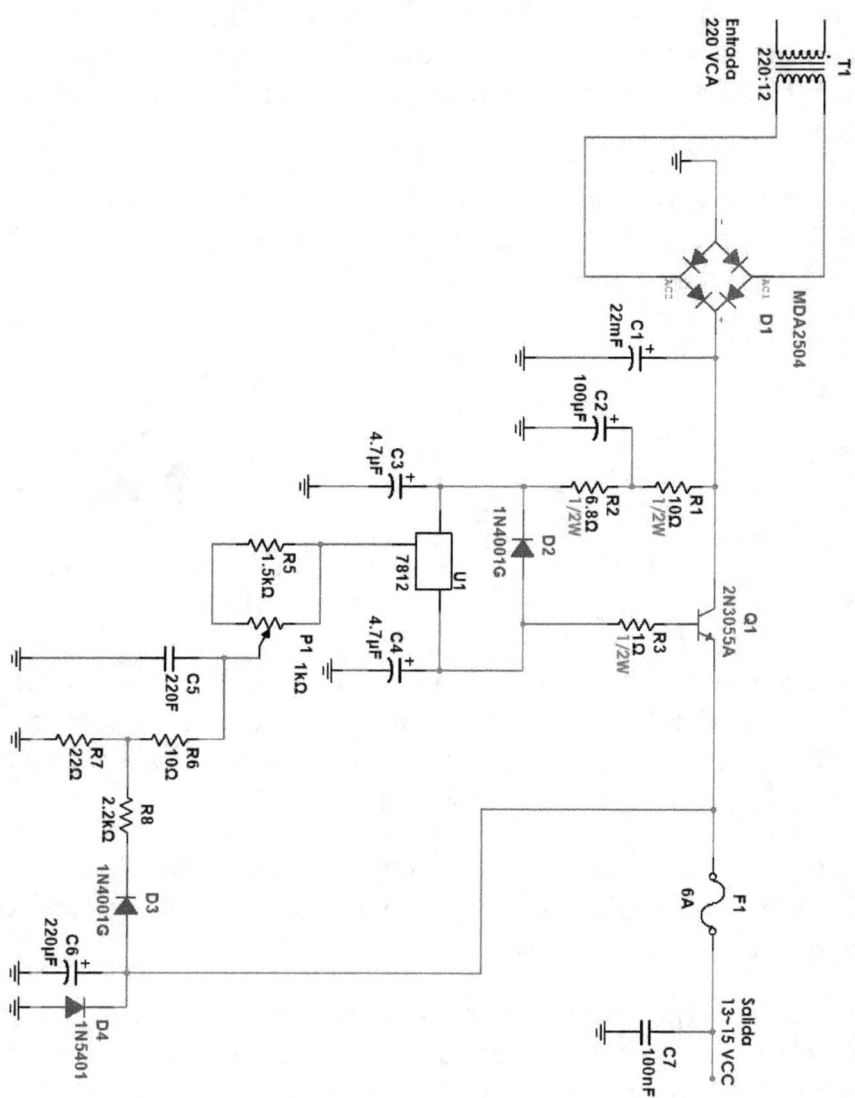

Hay que girar el libro... lo sé...

Si no pone nada en las resistencias, contad con que sean de 1/4W ó 1/2W.

Quiero explicaros u componente que aún no habíamos visto, aunque te sonará bastante... Es el que aparece en el esquema como P1.

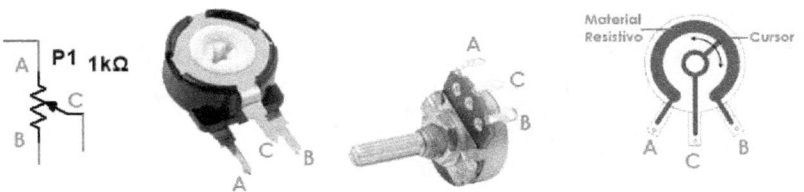

Se trata de una resistencia con sus terminales (A y B) a la que le añadimos un tercero que llamamos *Cursor*.

Ese cursor se mueve por el material resistivo, obteniendo entre él y cualquiera de los otros dos pines un valor de resistencia que varía según giremos.

Cuando son pequeñas y están soldadas a una placa, se le llama *Resistencia Ajustable* (Como la segunda imagen), y si son más grandes y están asomando por la caja en la que está el circuito (Para poder manejarlo mucho), se llama *Potenciómetro* (El de la tercera imagen).

Te sonará de verlas en los equipos de música para regular el volumen... o en las emisoras para regular el *Squelch*.

El circuito equivalente de una resistencia variable es este.

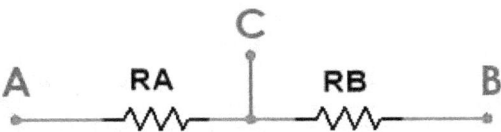

Ahora bien, podéis elegir el tipo que deseéis, ya que se puede dejar fijo un valor de salida con una resistencia ajustable, o bien variarla a nuestro antojo con un potenciómetro.

Volviendo al circuito, lo primero que nos encontramos es el transformador, que tendrá una relación de 220 a 12, que en tensión a la salida, serán 12 VCA Eficaces si la enchufamos a la línea eléctrica de 220VCA.

Como son 12 Vef, lo que nos interesa es el valor de pico, ya que será el que filtremos, en este caso 16.91voltios (12 por 1,41) y luego ya estabilizaremos a 13,8.

A continuación viene el puente de diodos. He seleccionado el MDA2504, ya que está sobredimensionado para aguantar 25 amperios. Podéis usar cualquier otro siempre que en sus características indique que soporta la corriente para la que diseñéis la FA.

C1 es un filtro... *peazo filtro*, ya que su capacidad será la máxima que encontréis, bien en el cuarto de radio en alguna caja de despieces, o bien en la tienda de electrónica.

Una nota importante, todos los condensadores electrolíticos han de estar marcados como que aguanten 35 voltios (Para curarnos en salud).

El resto es todo circuito de regulación y estabilización. Su corazón es el integrado 7812, y su mano derecha el transistor 2N3055, ya que además, no solamente estabiliza, sino que soportará unos 5 amperios que llegarán directamente del condensador C1 filtrados e irán a la salida pasando solamente por el colector y el emisor.

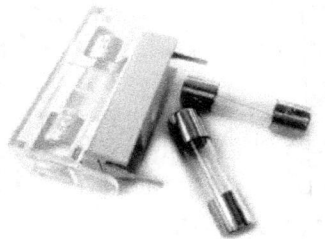

Otra cosa que hasta ahora no os había explicado, es la existencia de los *Fusibles*, unos dispositivos sencillos de hilo conductor fino que vienen preparados para aguantar una determinada intensidad.

En la imagen anterior, podemos ver un *Portafusibles* de los que se sueldan en circuitos impresos (Veremos más adelante algo sobre ellos), y a su derecha dos fusibles. Suele estar marcada la corriente que soportan en la zona metálica.

En el esquema viene marcado como F1 y su símbolo es esa especie de onda con dos punticos a los lados.

Bueno, vamos a seguir.

Sobre los semiconductores, el D2 y el D3 son diodos muy comunes que se llaman 1N4001. D4 es un 1N5401, aunque podréis instalar uno de la misma familia sin ningún problema, como el 1N5400 o el 1N5408.

En ambos casos, son los típicos negros con la raya gris. Has de fijarte bien en la marca, ya que, al menos yo, necesito una lupa y luz clara.

¿Vemos el transistor? ¡Adelante!

Transistor 2N3055

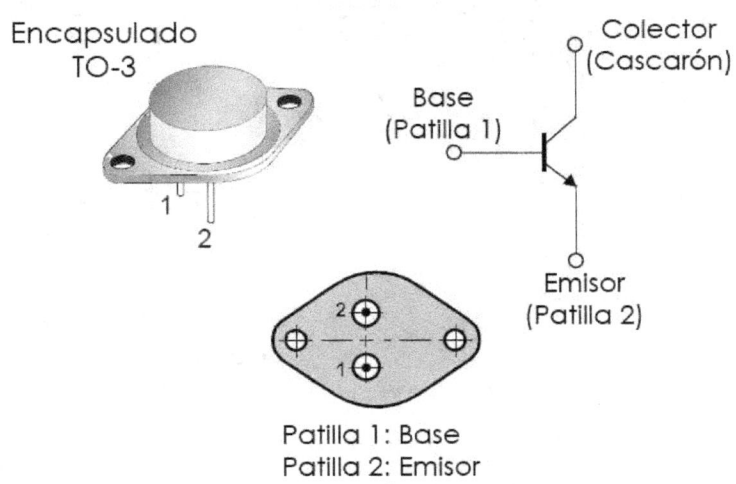

Patilla 1: Base
Patilla 2: Emisor
Cascarón: Colector

Lo primero que podemos observar es que viene encapsulado (Metido dentro) de una cajita metálica con forma de... ¿cáscara de nuez? Más o menos... y que además tiene dos patillas.

Esos dos pines no están centrados, sino que mirándolo por la parte de abajo, estás echadas un poco hacia la izquierda (Si están más a la derecha, gíralo). Bien, pues esa será nuestra manera de identificarlas.

El de abajo, y que el fabricante llama pin 1, es la base. El otro, el 2, es el emisor. Y nos queda el colector, que no es más que la cáscara de la nuez, ya que es metálica y permite ser usada como la patilla que nos faltaba.

¿Cómo montaríamos esta fuente? Tenemos dos opciones. La primera es usar una placa de montaje de agujeros...

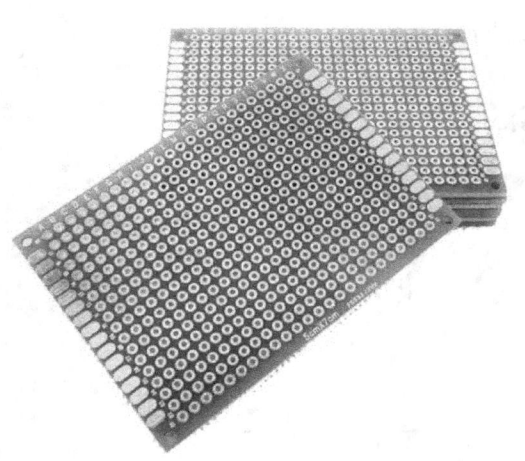

Pero está bien para un prototipo... para algo que no queramos dejar perpetuamente hasta el final de los tiempos.

En cambio, si lo que queremos es ser profesionales de verdad, necesitaremos fabricarnos y soldar los componentes en nuestra propia *Placa de Circuito Impreso*.

Dani Manchado

CAPÍTULO 9
Estaño, soldador y plaquillas

Ya me han dicho...

- *Para el carro, tío. Que antes de soldar hay que diseñar y hacer las placas.*

Cierto... Entonces vamos a ver qué es eso de los *Circuitos Impresos*.

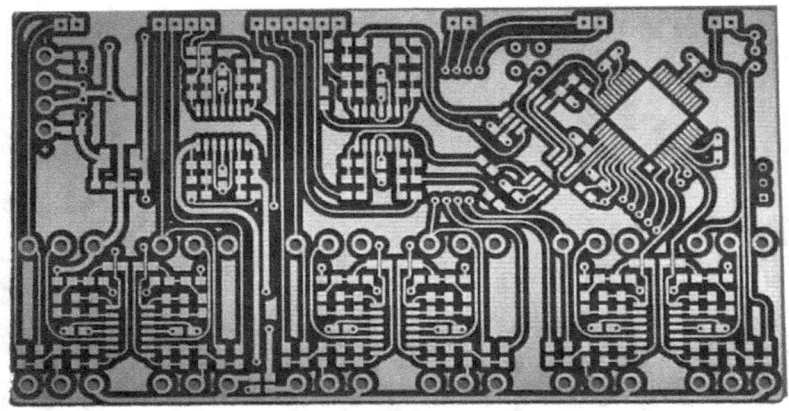

¿Os habéis fijado que dentro de los aparatos electrónicos hay unas tarjetas en donde están soldados todos los componentes? Pues eso es.

Son placas, normalmente de un material que se llama *Fibra de Vidrio*, y en el que en una cara (O en las dos), hay una fina capa de cobre que está recortada para unir mediante conexiones los componentes que se alojan en ella.

Para fijarlos, que no se muevan, y además, que hagan contacto con el cobre, se sueldan con una herramienta que se llama *Estañador o Soldador*, que sirve precisamente, para calentar un hilo metálico compuesto de *Estaño y Resinas* y derretirlo, ya que una vez frío de nuevo, se quedará pegado tanto en placa como en el componente... y como era metálico (El estaño), servirá de conductor de la electricidad.

¿Y podemos nosotros fabricarnos una placa de estas? Por supuesto. Y para ello os explicaré dos métodos. Pero antes, un poco de teoría.

Cuando diseñamos nuestra placa, lo primero que tenemos que tener en cuenta, es que estará del lado opuesto a los componentes, es decir, estará como visto en un espejo.

Lo siguiente, es saber que no podremos realizar ángulos rectos, ya que al ser tan fina la capa de cobre, a los electrones les pasaría lo mismo que a un coche de que viaja muy rápido... se saldrán de la pista si no les da tiempo a girar.

Otra cosa más, y es que deberemos de dejar un poco de contorno al sitio al que vayamos a soldar las patillas del componente. El estaño necesitará expandirse y asentarse, y si no le damos espacio, quedará mal soldado.

Pues nada, sabiendo esto, vamos a por el principio.

Diseño de un circuito impreso

Lógicamente, primero deberemos de tener claro que circuito deberemos de diseñar, así que lo ideal es hacerlo antes sobre el papel.

Por ejemplo, vamos a diseñar el circuito impreso del siguiente esquema.

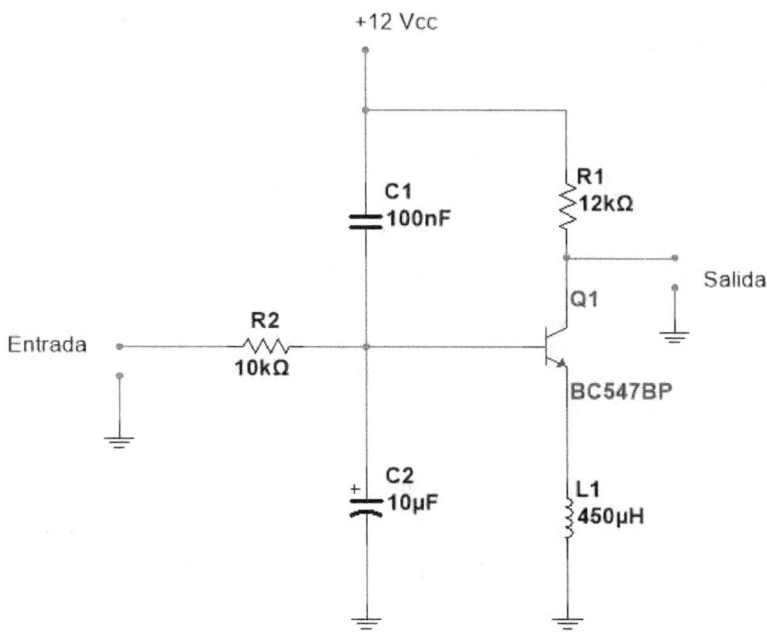

El esquema es algo aleatorio, simplemente quería que entraran unos cuantos componentes... Realmente creo que no hace nada... ¡Esperad! ¡Acabo de inventar la Máquina del Tiempo! (Es broma...)

Fijaros que existe una entrada y una salida, y que además, nos requiere llevar una conexión a masa...

También necesitamos una conexión para alimentar a 12 voltios.

Y por último, el transistor, que he elegido el BC547, uno de los más usados en electrónica en general. Este es su patillaje, o *pinout* que llaman los extranjeros...

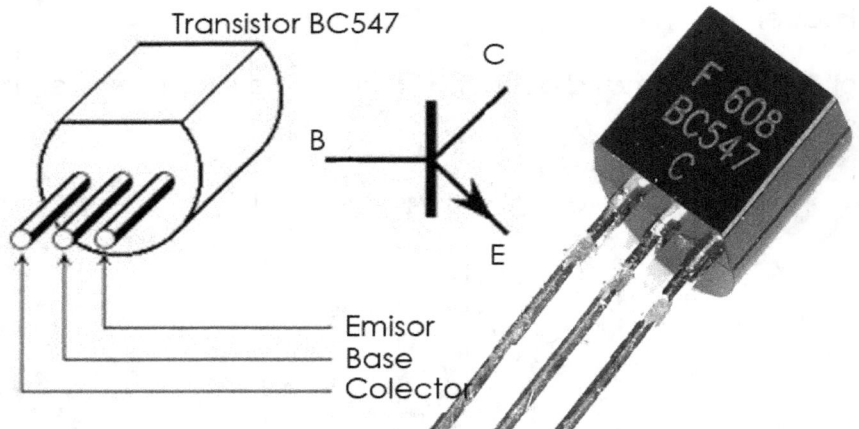

Vemos que tiene un encapsulado diferente al 2N3055. El de este tipo se llama TO-92, y que además lo emplean muchísimos transistores.

Es negro, y para leer el tipo hay que usar buena luz y lupa...

Bueno, ahora lo que toca es hacer un boceto con el diseño del circuito, sustituyendo los componentes por los agujeros en los que irán. Yo acabo de hacer este a bolígrafo a toda prisa.

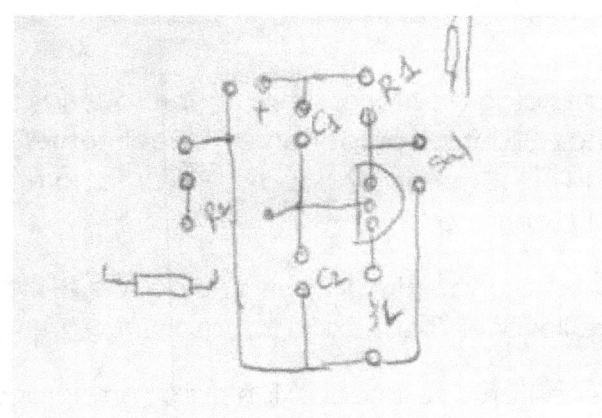

He puesto el transistor visto desde arriba, ya que aprovechamos que el colector queda en la parte superior, tal como en el esquema.

Pues ahora solamente nos queda adecuarnos a las medidas de cada componente. Por ejemplo, R1 lo he puesto para que quepa verticalmente, y R2 horizontalmente, ya que aprovecho su mayor espacio para pasar una pista (Un conductor de cobre que quede en la placa) desde la alimentación hasta masa. Otra cosa, la bobina irá también tumbada.

Lo dicho, nos adecuamos a los componentes y a las normas que os había comentado antes, y el resultado bien podría ser este.

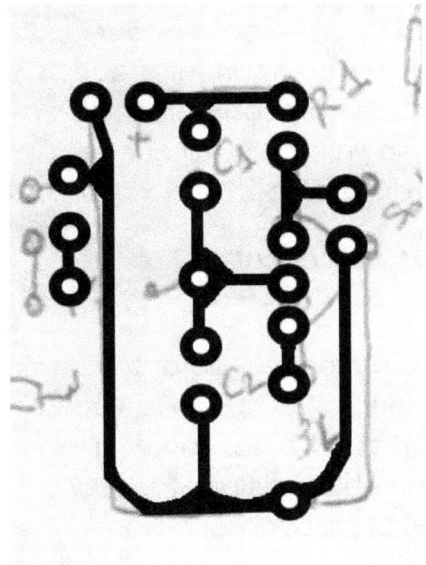

Pero además, podremos rellenar los huecos con pistas, por ejemplo la masa, ya que muchas veces, y sobre todo cuando trabajamos con radio, es mejor crear lo que llamamos una *pantalla*... algo que sirve para evitar que las corrientes alternas que circulan por el circuito escapen por las pistas y los componentes.

No es que lo evitemos del todo, pero algo haremos.

Vamos a ver el diseño definitivo en la página siguiente.

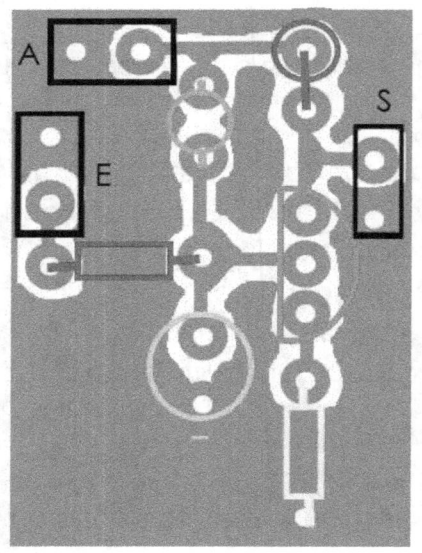 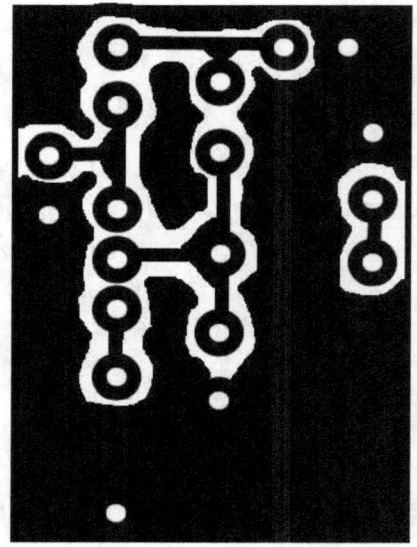

Ahora tenemos dos vistas del diseño. A la izquierda tal como lo teníamos antes, pero al que he aclarado para poder colocar encima una simulación de los componentes que se colocarán. A la derecha, el diseño se ha puesto en una vista inversa, es decir, como reflejada en un espejo, ya que será este el que tengamos que hacer en la placa.

Al primero lo solemos llamar *Vista Componentes*, y al segundo, *Vista Pistas*.

Pues nada, ahora nos vamos a una librería… ¿Librería? Claro, ya que lo que necesitamos lo venden allí, y bueno, a veces también en las tiendas de electrónica. El caso, vamos a la librería y pedimos un rotulador Indeleble del tipo *Staedtler Lumocolor Permanent o Edlin 3000*. Ambos nos servirían.

Nota… alguna vez tengo usados unos que ponen CD Marker… creedme… no nos sirven.

Y de la que volvemos de la librería, ahora sí, nos pasamos por la tienda de electrónica a comprar una placa de circuito impreso virgen.

La placa virgen que pidamos no ha de tener la capa fotosensible, ya que no emplearemos una máquina llamada *Insoladora*, simplemente ahora la fabricaremos con el rotulador, y después con otros inventos.

Por cierto, antes de ponernos con el siguiente paso, deberemos de limpiar muy bien la placa con acetona, dejarla secar y sobre todo, no tocarla con los dedos después.

Fabricación con Rotulador

Bien, pues el método es bien sencillo, pero laborioso, ya que lo único que tenemos que hacer es pintar a mano la placa virgen con el diseño, el de la derecha, que no se te olvide… ¡Ah, claro! Y por la cara del cobre…

¿Lo has terminado? Repasa todo minuciosamente, hay veces que una pequeña línea se une por algún lado ¡y la podemos armar!

Venga, pues vamos a por el segundo método, y para ello necesitaremos de una impresora láser.

Fabricación con tóner

Necesitamos, a parte de una impresora láser (Las de inyección de tinta no sirven... tampoco las de agujas ni margaritas...), papel fotográfico (No sirve el satinado normal).

Escaneamos el diseño que hayamos elegido, y una vez que lo tengamos en una imagen, me da lo mismo que sea JPG o PNG... una, deberemos de preparar la impresión INVERTIDA, es decir, como cuando la diseñamos, antes de darle la vuelta.

Has de fijarte bien a la hora de imprimir que el tamaño sea el correcto, ya que por el contrario, podrían quedarnos muy separados o muy juntos los agujeros de los componentes.

Pues nada, imprimimos el diseño en el papel fotográfico, y casi listo. Ahora necesitamos usar la plancha de casa, la de la ropa, no la del pescado.

Pues ahora la enchufamos y la vamos dejando calentar a la vez que en una mesa ponemos en este orden:

- La placa virgen con el cobre hacia arriba
- El papel impreso con la impresión hacia abajo
- Un trapo de cocina (Rodillo o secamanos).

Nos aseguramos bien de que todos estén perfectamente alineados, no sea que parte de la impresión se salga de la placa.

Ahora, y cuando la plancha ya esté caliente, POSAMOS, importante, ya que si la deslizamos podemos mover las distintas capas y eso no mola.

Apretamos bien la plancha contra la mesa, y siempre, con mucho cuidado de no moverla, durante unos 15 ó 20 segundos. Una vez que pase el tiempo, la levantamos, y me reitero, lo sé, pero con mucho cuidado.

¡Tachán! Ya tenemos también pintada la placa, pero sin rotulador.

Ahora ya, elegido el método que hayas elegido, deberemos de practicar todo aquello que nos enseñaba nuestro profe de química y al que nunca hicimos caso en clase.

Atacado de la placa

Quizás este sea el proceso más delicado, pues se ha de estar atento en todo momento a la placa. Pero antes de comenzar a explicar más, deberemos de hacer la compra.

- Agua Fuerte, u otras veces se llama Salfumant (HCl). Se puede comprar en el super.
- Agua Oxigenada, preferiblemente de 110 volúmenes (Se vende en ferreterías) o de la normal de curar las *pupas* si no encontramos la otra (Del super o farmacia).
- Quitaesmaltes o limpiauñas (Acetona, del super).
- Agua del grifo (De la de casa).
- Un recipiente de plástico o cristal plano que nos entre la placa, un *tupper* serviría.
- Pinzas de plástico (Como las de la ensalada).
- Guantes de látex o silicona (Pedírselos al médico cuando vayáis).

Bien, pues debemos de preparar el líquido que nos servirá para atacar la placa que está pintada, bien de rotulador o bien de tóner. Y para ello tomamos el recipiente y preparamos una de las siguientes mezclas dependiendo del tipo de agua oxigenada que tengamos.

 Una nota. Normalmente se tardan un par de minutos usando la de 110 volúmenes, mientras que la de las *pupas* nos llevará entre 8 y 10.

Si tenemos agua oxigenada de 110 volúmenes:

- 1 parte de agua oxigenada (Medio vaso, por ejemplo).
- 1 parte de agua fuerte (Otro medio vaso).
- 2 partes de agua del grifo (Un vaso entero).

Pero si el agua oxigenada es de pupas:

- 2 partes de agua oxigenada (Por ejemplo, un vaso entero).
- 1 parte de agua fuerte (Medio vaso).

¿Ya lo tenéis preparado? Pues nos ponemos los guantes y cogemos las pinzas.

Posamos la placa en el líquido atacante (Es así como se llama la mezcla que acabamos de hacer), y movemos suavemente el recipiente con la mano para que no se quede quieto el líquido.

Lo que pasa ahí dentro es muy sencillo, ya que el agua oxigenada oxida el cobre que no está protegido por la tinta o el tóner, y el agua fuerte separa el óxido de la placa.

Iremos observando en todo momento que la placa va quedando como nosotros queremos, vamos, solamente el cobre que esté negro. En el resto de la placa iremos viendo como aparece la fibra de vidrio.

Cuando creamos que ya se terminó el proceso, con las pinzas tomamos la placa y nos fijamos de cerca que las pistas pintadas no estén comidas por el atacante, pero cuidado, pues el olor que despide será también muy atacante...

Si ya está, nada, ponemos debajo del grifo la placa y aclaramos para quitar restos de la mezcla.

Secamos bien la placa, y con la acetona limpiamos la tinta.

Para el último paso antes de ponernos a soldar componentes, es precisamente, poder ponerlos... para ello necesitaremos hacer agujeros con una broca de un milímetro de diámetro en todos los sitios que hayamos indicado en el diseño.

Para estos menesteres yo uso un taladro de mano tipo *Dremel*, pero lo ideal sería tener uno vertical de esos que bajas la broca con una palanca.

Soldando componentes

Ahora llega la hora de la verdad... hay que fijar los componentes a una placa, y además, que estén en contacto eléctrico con ella.

Necesitamos un par de cosillas, como son un soldador o estañador de no mucha potencia. Entre 25 y 35 vatios está bien. Y lo otro, pues estaño para soldadura electrónica.

Para este último os recomiendo ir a una tienda de electrónica o pedirlo por internet, ya que algunas veces cuando he ido a una ferretería, lo que he habían dado era estaño de soldar tuberías, y este no nos vale, es menos *pegajoso*...

Además, como complemento, podemos usar un soporte con pinzas, ya que así se nos mantendrá la placa bien sujeta mientras usamos el estañador sobre ella.

Además, hay algunas que disponen de lupa ¡e incluso luz!

Bueno, pues continuamos, y lo hacemos partiendo de una simple premisa: Soldaremos siempre primero los componentes que aguanten mejor el calor, dejando siempre para el final los más sensibles.

Un buen orden para estañar podría ser este:

1) Puentes metálicos. Ya que hay placas que requieren un trocito de alambre para pasar sobre las pistas.
2) Conectores.
3) Resistencias.
4) Condensadores

5) Condensadores electrolíticos
6) Bobinas
7) Diodos
8) Transistores
9) Circuitos integrados

¡Ojo! Hay kits de montaje (Circuitos ya diseñados con todos sus componentes y placa de circuito impreso) que ya traen soldados algunos componentes que se llaman *SMD*, del inglés *Surface Mount Technology*, o *Tecnología de Montaje Superficial*. Hay que tener especial cuidado con ellos, ya que son muy sensibles al calor, tanto como para estropearse como para soltarse de su ubicación.

Vamos a ver, por ejemplo, como soldaríamos una resistencia. Lo primero que tenemos que hacer es introducirla por los agujeros que le corresponda. Normalmente, y sobre todo cuando el circuito que montemos venga en kit (Ya preparado para montar), localizaremos su ubicación mediante dibujos que tiene la placa en su cara de componentes. Podremos verlo de las siguientes maneras.

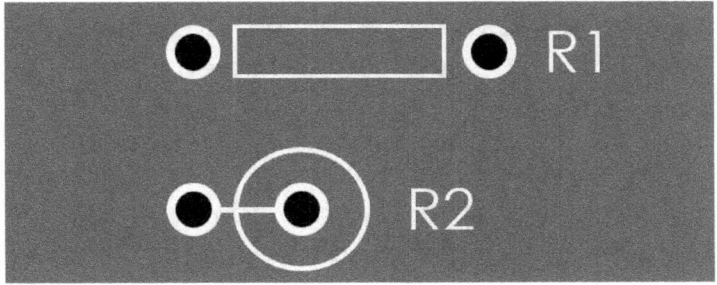

Y depende de la posición del componente, pues en el caso superior, la resistencia está tumbada, y en el inferior, está ubicada verticalmente.

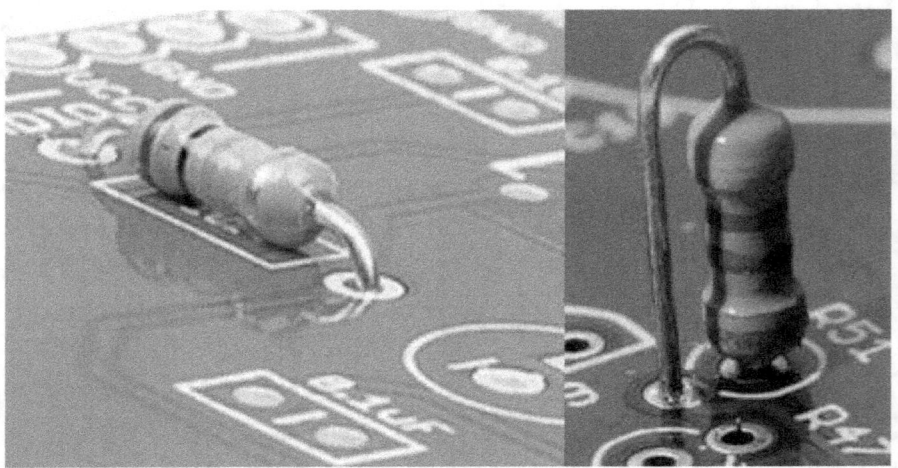

Por cierto, en los dibujillos que traen pintados los circuitos impresos, además del tipo de componente que es, nos dice quién es. Por ejemplo, puede diferenciarse en la fotografía de la derecha un R51.

Una vez localizado el sitio en el vayamos a fijar nuestra resistencia, doblaremos las patillas, bien con las manos y con mucho cuidado, o bien con la ayuda de alguna pinza fina o alicate pequeño, y así que entre sin forzarla en sus agujeros.

Giramos la placa para ver el lado de la soldadura y... ¿No os había dicho que el soldador debería de haber estado enchufado antes? Vaya... pues enchufadlo y leed unos 10 minutos el *feisbuc*, que es lo que tardará en calentarse y estar listo para seguir.

Una vez que el estañador esté caliente, deberemos de acercarlo a una de las patillas suavemente a la vez que el hilo de estaño. Juntaremos las tres cosas (Patilla, soldador y estaño) durante el tiempo necesario para que el estaño se vuelva líquido y fluya en toda la zona que rodea el agujero de la patilla.

Debe de quedar fijado, y por favor, no sopléis sobre la soldadura, ya que la podemos enfriar muy deprisa y quedará mal.

Os enseño una pequeña guía de cómo debería quedar la soldadura una vez terminada.

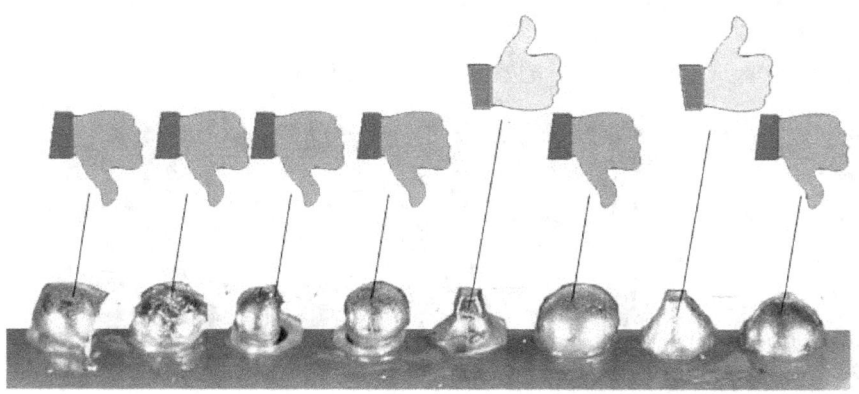

Debe de quedar uniforme, con forma de cono. Nunca redondeada o sin brillo, y sobre todo, con la cantidad justa de estaño.

Ahora deberemos de soldar el resto de componentes, y llamadme cansino, pero sobre todo con los diodos, transistores y circuitos impresos, deberemos de tener especial cuidado, ya que les afecta muchísimo más el calor que al resto.

Vamos a ver algunas imágenes de cómo suelen aparecer los componentes en la cara de los dibujos de los kits.

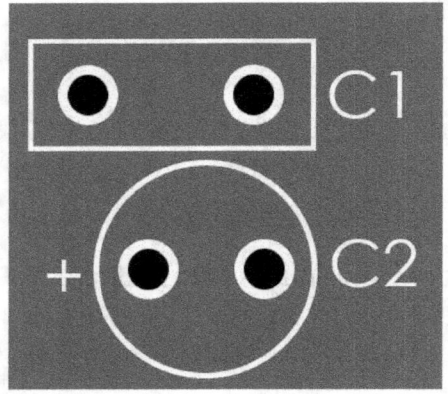

Aquí tenemos los típicos dibujillos de los condensadores. El de arriba se suele emplear en los cerámicos y los de papel, y el de abajo en los electrolíticos.

Habéis de fijaros que tiene marcado un + a la izquierda, eso es que ahí irá la patilla positiva. Otras veces aparece el -, e incluso, sombrean una la mitad del círculo para indicar el negativo.

Las bobinas suelen representarse así. No tiene mayor complicación.

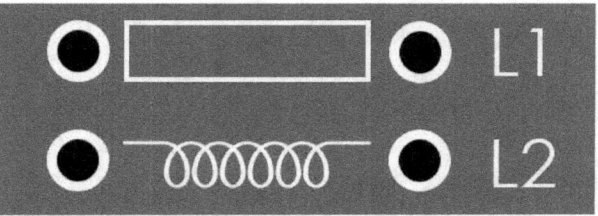

Eso sí, sabremos siempre cuando es una bobina por el nombre, ya que habitualmente suelen llamarse L.

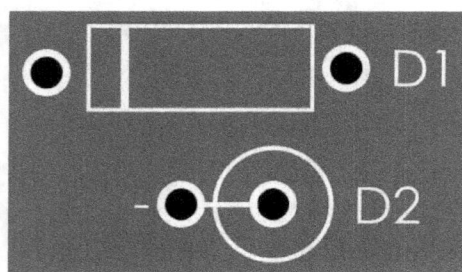

Los diodos son los más fáciles de todos, ya que nos indican el cátodo en todo momento, bien mediante una raya como arriba, o mediante un signo menos en el de abajo.

¿Decía que los diodos eran fáciles de identificar?

Pues más aún los transistores, ya que describen su forma, sean semirredondos o planos. Eso sí,

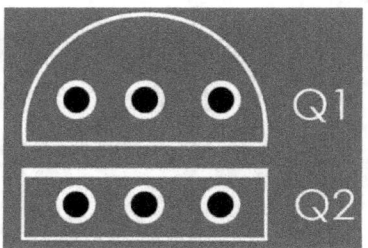

en este último hemos de fijarnos que uno de los lados es más ancho, es para indicar que es la parte trasera.

Fijaos en la foto de la izquierda. La parte trasera suele tener una zona metálica con un agujero para poder sujetarlo a un radiador, ya que así disiparemos su calor. Además, entre el transistor y el disipador ha de ir una lámina de un material aislante, normalmente Mica, que es algo así como un plástico.

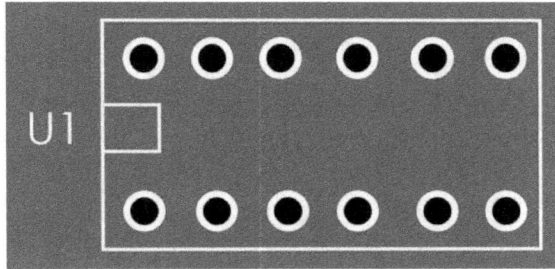

Y ya por último los circuitos integrados, que en el caso de este que está aquí es de tipo *cucaracha*.

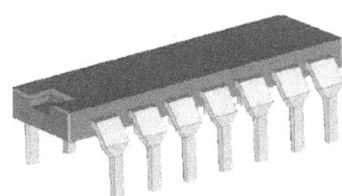

Hemos de fijarnos en la muesca que tiene a su izquierda, ya que es la que nos indica que ahí debe de ir la que también tiene sobre él.

También hay integrados con formas verticales, con el mismo o muy parecido encapsulado al del transistor de arriba, como por ejemplo, nuestro amigo el 7812.

CAPÍTULO 10

Diodinos, diodetes y más diodos

En este capítulo hablaremos sobre distintos tipos de diodos ¿Recuerdas que eran un tipo de componente semiconductor? Pues dependiendo de cómo se fabriquen, pueden tener distintas aplicaciones.

El primero que veamos quizás sea el más famoso, es uno que emite luz, o como dicen los que hablan inglés, *Ligth Emtting Diode, LED*.

El Diodo LED

Aunque está mal dicho, ya que si habláramos sin siglas o acrónimos, estaríamos diciendo «El diodo diodo emisor de luz», y la verdad, queda un poco feo. Nos referiremos simplemente como LED o LEDes, no LEDs (Vuelve a estar mal dicho).

El caso, se trata simplemente de un diodo en el que el cátodo y el ánodo están separados por un gas que determinará su color. Por ejemplo, los de color verde llevan uno llamado *Nitrurio de Galio*, o los azules, que llevan *Carburo de Silicio*. Pero dependiendo de la fabricación pueden cambiar o mezclar gases para darle distintos tonos e intensidades.

Existen muchos tamaños y de muchas potencias, pero lo que todos tienen en común, es que para que salga la luz de ellos, deben de tener una carcasa transparente. Y lógicamente, podremos aprovecharnos para identificar su patillaje.

Por eso, antes ponerme a escribir estas palabras, fui a casa del sobrino de mi cuñado a sacar una foto a su vecino que sabía que era un LED.

No le hizo gracia, pero conseguí hacérsela.

Ledoto, que es así cómo se llama, es de color rojo, aunque como os decía, en su familia los hay de muchos colores.

Su cápsula es transparente para que pueda emitir luz, y por tanto, podremos ver a través de ellos. Si os fijáis, hay un terminal que es más grande que el otro. Pues bien, el más pequeño es el ánodo, y el más grande el cátodo (Justo al revés de cómo nos imaginaríamos que sería).

Pero también tiene una patilla más grande que la otra, y esa precisamente es el cátodo también.

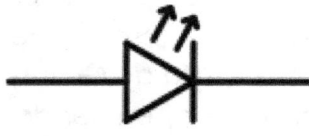

Para representarlo en los esquemas usamos el mismo símbolo que los diodos *normales*, la diferencia erradica en que añadimos unas flechitas para indicar que tiene luz.

¿Y lo enchufamos a una fuente de alimentación? ¡NO!

Cada diodo, y dependiendo del color, tendrá una tensión específica. Vamos a verlo:

Color	Tensión
Rojo	2 Voltios
Naranja	2,1 Voltios
Amarillo	2,3 Voltios
Verde	2,5 Voltios
Azul	3,6 Voltios
Blanco	3,6 Voltios

Así pues, sabremos que deberíamos de aplicarle 2 voltios a Ledoto para que se iluminase.

¿Vemos cómo podríamos enchufarlos a una fuente de alimentación de 13,8 Vcc?

Pues simplemente deberemos de añadir una resistencia en serie de un valor que vamos a calcular con esta fórmula:

$$R = \frac{Vcc - Vd}{0.02}$$

Vcc es la tensión que nos proporciona la fuente y Vd es la tensión de alimentación del LED que la tendremos que buscar en la tabla de la página anterior en función del color.

Los 0.02 de abajo, es el consumo de corriente típico de un LED. Si fuera de alta potencia, simplemente deberíamos de cambiarlo por lo que nos diga el fabricante que consume (En Amperios siempre).

$$R = \frac{13,8 - 2}{0.02} = \frac{11,8}{0,02} = 590 \, Ohm$$

¿Existen las resistencias de 590 Ω? Pues va a ser que no... Lo más parecido que tenemos es de 560, ya que la siguiente sería de 680 Ω (Al final del libro hay una tabla con los valores estándares de componentes electrónicos).

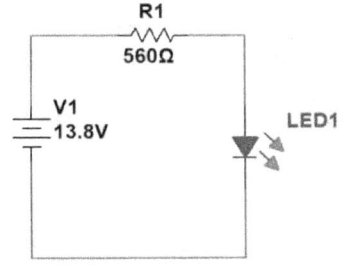

Por lo tanto, nos podría quedar un circuito como el de aquí al lado.

Pero recuerda, un LED sigue siendo un diodo, por lo tanto, si se polariza al revés no se encenderá.

¿Y si quisiéramos conectar más de un uno a una batería?

Si los conectamos en paralelo, deberemos de tener en cuenta el consumo total. Y sería incluso peligroso para ellos, ya que si uno se estropea y deja de consumir, el resto se repartiría su parte.

Lo habitual cuando conectamos varios diodos es que estén en serie, ya que si uno se estropea, el circuito queda abierto y no existe consumo. Eso sí, quedarían todos apagados.

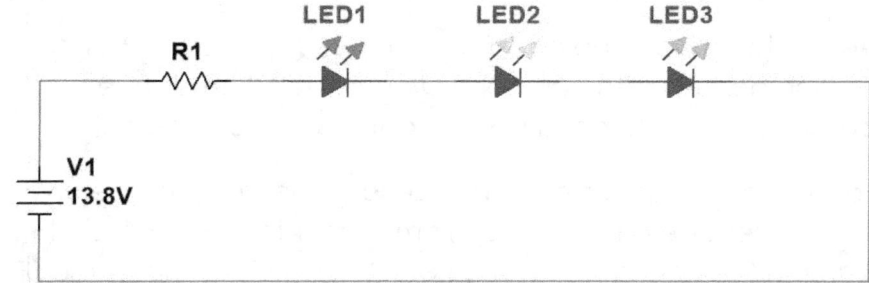

En este caso hemos conectado en serie uno rojo con alimentación a 2 voltios, uno verde que precisa de 2,5 y uno azul al que hay que darle 3,6 voltios. Lo que tendremos que hacer es sumar todas esas tensiones, tal como si de un solo LED se tratara.

$$R = \frac{13,8 - (2 + 2,5 + 3,6)}{0.02} = \frac{5,7}{0,02} = 285\ Ohm$$

Buscamos en la tabla el valor más aproximado y podemos comprobar que se trata de una resistencia de 270Ω, que será el valor que daremos a R1.

Diodos Zener

Se emplean como reguladores de tensión, algo muy parecido a lo que nos hacía el 7812 de la fuente.

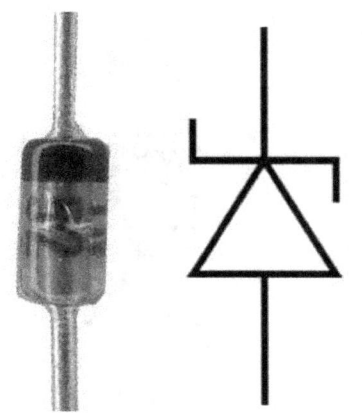

Son un tipo de diodo de silicio fabricado de un modo especial, ya que si los conectamos inversamente (Cátodo a positivo y ánodo a negativo), toda la tensión que sobre para la que fueron diseñados, será desviada (Entrará en corto) de nuevo hacia la fuente. Por ello necesitan siempre una resistencia, pero que además, deberá de soportar la potencia que consuma el circuito al que se le conecte.

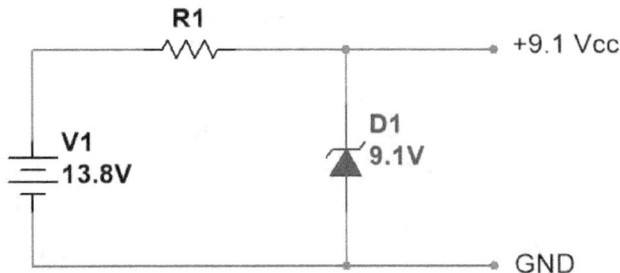

Este circuito es la típica configuración. Por ejemplo, en este en el que un Zener de 9.1 voltios está inversamente polarizado, toda la tensión sobrante de los 13,8 Vcc de la batería (4,7 V) son consumidos por la resistencia R1, la cual deberemos de estimar para que sea del mínimo valor y que soporte el consumo del resto del circuito, el que se alimenta a 9,1 v.

Diodo Varicap

Este es Varitus, un tipo de diodo especial, ya que no solamente deja pasar la corriente eléctrica en un sentido, sino que además tiene una capacidad, como un condensador. (Todos los diodos tienen un poco de capacidad, pero en este es mayor)

Y aquí no de queda su especialidad, ya que además podremos alterar su capacidad variando la tensión que le apliquemos.

A ver cómo os lo puedo explicar... Cuando se polariza inversamente (Igual que el Zener, el cátodo a positivo y el ánodo a negativo), el comportamiento de las capas P y N de su interior es muy parecido a un condensador, crea una especie de separación que aumenta cuando la tensión también lo hace, es decir, cuanto más voltaje, menos capacidad.

Esta característica tan especial hace que los Diodos Varicap, o también llamados *Varactores*, se empleen en circuitos en los que es necesaria una variación de la capacidad de un condensador. Veremos en muy poco tiempo una aplicación útil.

Por cierto, este es su símbolo para los esquemas.

Dani Manchado

CAPÍTULO 11

Los que van de un lado a otro...

Osciladores

Hasta ahora habíamos hablado de que la corriente alterna la sacábamos de un generador (Alternador) o desde un transformador. Pero la gran mayoría de las veces (Excepto para las fuentes de alimentación y poco más), la generaremos nosotros mediante circuitos. A estos circuitos los llamamos *Osciladores*.

Realmente no es más que un circuito que alimentamos a una tensión de corriente continua, y en su salida disponemos de una alterna.

Para empezar a entender todo esto, primero deberemos de conocer un tipo de circuito que se llama LC, que no es más que la asociación de un condensador y una bobina.

Podremos colocarlos en serie, en paralelo, e incluso añadiendo resistencias (Entonces se llamaría RLC).

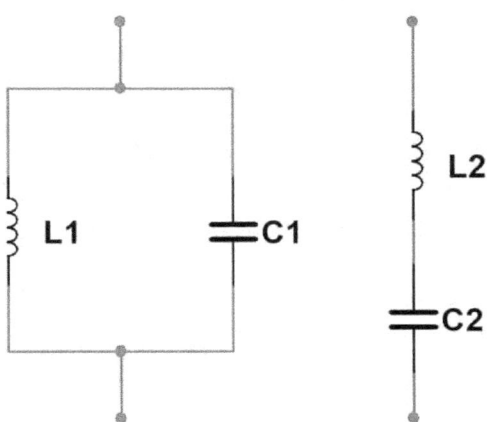

Como podréis observar no es nada complicado de entender, una bobina y un condensador... ¿Pero qué tiene de especial?

Tendremos que recordar lo que hace unos capítulos habíamos hablado: Las reactancias.

Pues sí, es ahora uno de esos momentos en la vida en la que tendremos que recordarlas. Pero no os preocupéis, ya que no las calcularemos.

Cuando en un circuito LC las reactancias capacitiva e inductiva son las mismas, decimos que entra en *Resonancia*. Es decir Xc=XL.

Y la frecuencia a la que conseguimos que esos dos componentes entren en resonancia, la llamamos *Frecuencia de Resonancia*, que abreviadamente solemos poner F_0. (Cero, no una letra "o").

Si ahora nos pusiéramos a trabajar con las fórmulas de la reactancia haciendo que las dos frecuencias fueran las mismas, después de unas cuantas igualaciones nos quedaría una fórmula como la siguiente.

$$F_0 = \frac{1}{2\pi\sqrt{LC}}$$

Es decir, a la frecuencia en la que la bobina y el condensador tienen la misma reactancia (O impedancia) sería la que nos diese el resultado de la fórmula.

Esta frecuencia de resonancia también podremos conocerla usando la *Hiper Calculadora*.

¡Pero! ¿Qué impedancia sería la total? Bueno, depende de la configuración. Si están en serie, la impedancia tendería a ser 0, pero en paralelo, sería casi infinita, muy alta.

Ahora que ya hemos visto los circuitos LC, es el momento de conocer nuestro primer oscilador.

Para ello, vamos a ver uno de los más usados, el *Oscilador Colpitts*.

Oscilador con transistor

Este es uno de los muchísimos que existen, pero quizás sea el más usado en cuanto a bobinas y condensadores se refiere. Veremos el que llamamos *Colpitts*.

Es muy parecido a otro que se llama *Hartley*, que ambos toman el nombre de su respectivo inventor, *Edwin H. Colpitts* el primero y *Ralph Vinton Lyon Hartley* el segundo.

Lo primero vamos a ver el circuito.

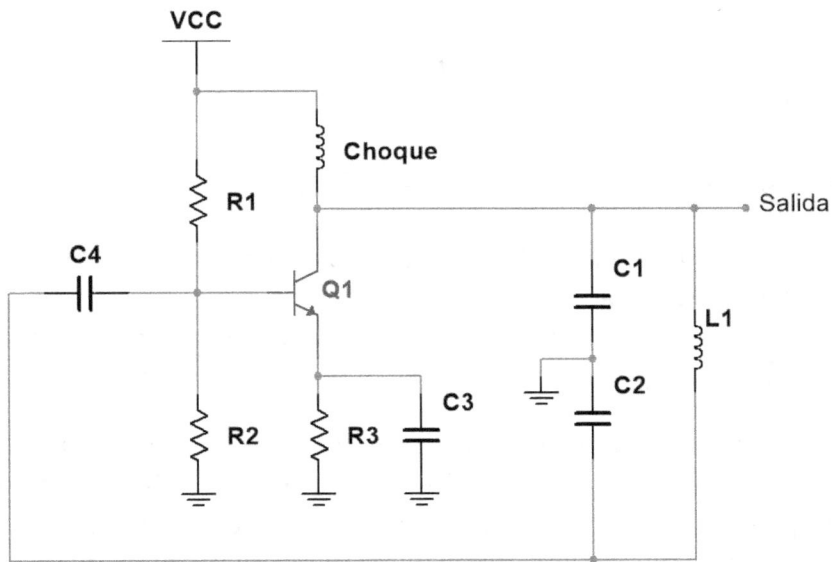

El funcionamiento del mismo es sencillo, ya que podemos entenderlo de la siguiente manera:

La bobina L1 y los condensadores C1 y C2 se alimentan con CC a través del choque (Veremos después para que sirve). Cuando se cargan los condensadores, la energía acumulada en CC pasa a la bobina y se consume (Se descargan a través de ella), pero como siguen estando alimentados, vuelven a cargarse, y a descargarse, y cargarse, y descargarse... y así tantas veces por segundo como calculemos.

El transistor Q1, que está atento a todo, se da cuenta de esas variaciones y mediante el circuito de Base-Emisor replica esas variaciones, haciendo que su colector cree una perfecta copia de lo que ve en su base.

Para calcular la frecuencia a la que queramos que oscile este circuito, usaremos la fórmula anterior, la de la frecuencia de resonancia, pero con una ligera modificación, ya que la parte correspondiente al condensador (C en la fórmula), será sustituido por este:

$$C = \frac{C1 \times C2}{C1 + C2}$$

Y lógicamente, el valor de L será el de L1.

Eso sí, recordad que deberemos de emplear siempre las unidades, nada de múltiplos o submúltiplos, es decir, la capacidad en faradios, inductancia en henrios y frecuencia en hercios.

R1 y R2 serán unas resistencias que nos sirven para polarizar la base del transistor, C4 para desacoplar la corriente continua que pueda llegar desde el circuito LC, R3 y C3 serán para separar la masa de la señal que queramos obtener, y por último, la bobina que se encuentra en el colector a la que llamamos Choque, es una diseñada para radiofrecuencia, ya que nos permitirá pasar la CC desde la alimentación, pero en cambio no permitirá el paso de la CA desde el colector.

Por cierto, ¿os habéis fijado que no he puesto una batería o pila? Muchas veces, sobre todo cuando hay más de un punto de alimentación, usamos este símbolo para indicar que por ahí está el positivo. Algo muy parecido a lo que nos sucedía con la masa.

Además, si el circuito necesitara de más de una tensión para funcionar, nos lo indicaría con su valor. Por ejemplo suele ponerse +12 Vcc ó +5 Vcc.

Este tipo de circuito se emplea mucho en los *VFO* de nuestros equipos de radio, es decir, el *Oscilador de Frecuencia Variable, Variable Frequency Oscillator*, ya que podemos sustituir el o los condensadores por uno variable.

Condensadores variables

Habíamos visto que existía un tipo de resistencia a la que podemos hacer variar su resistividad, pues con los condensadores también podemos hacerlo.

Existen dos tipos, los ajustables y los manuales. Los primeros van sujetos al circuito impreso y se usan una sola vez, y los segundos son para emplearlos de manera continua, como por ejemplo en los *VFO*.

Este de la imagen de la derecha es uno de aire, es decir, las placas están separadas por aire. Los hay como los de la izquierda, en la que su dieléctrico es mica u otro material aislante.

Pero en ambos casos disponemos de un mando para poder enfrentar más o menos las placas, es decir, hacer que tenga más o menos capacidad el condensador.

En el caso de que no lleve mando y simplemente la cabeza de un tornillo, hablaríamos de condensadores ajustables, o como solemos llamarlos, *Trimmers*.

Podemos ver en la imagen de la izquierda uno que funciona de la misma manera que los anteriores, es decir, si giramos su eje (El tornillo), las placas girarán para tener más superficie enfrentada, pero en los de la derecha, en vez de variar su capacidad girando las placas, lo que haremos será acercarlas o alejarlas, ya que cuanto más juntas estén, más capacidad tendrá.

Lo habitual, sobre todo en los manuales, es que traigan dos condensadores integrados en la misma estructura, ya que así podremos usarlos en el anterior circuito.

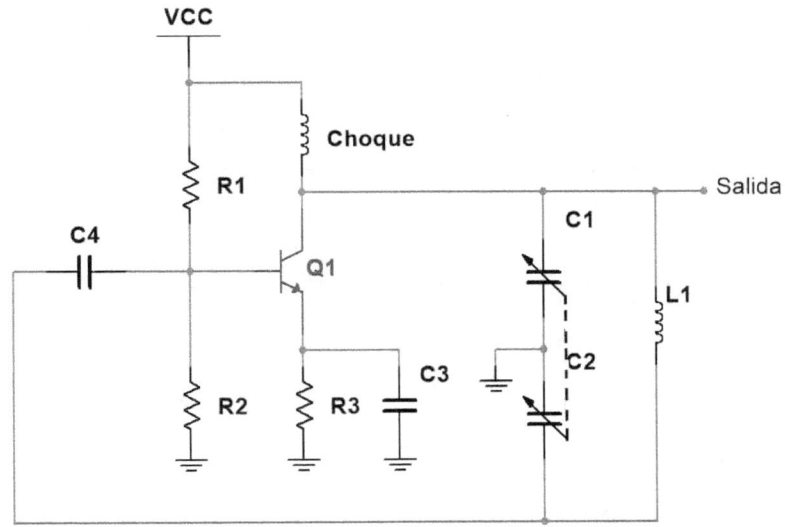

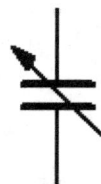 Por cierto, el símbolo que empleamos para los condensadores variables es este.

Pero si tenemos dos o más que se controlan con el mismo mando, entonces los unimos mediante unas rayas como se muestra en el esquema del último oscilador.

Por último, este es un VFO en el que se emplea un condensador variable doble... y bueno, el montaje, aunque funcione, no es el más *bonito*.

Pero vamos a darle estabilidad a nuestros osciladores...

El Cristal de Cuarzo

Vamos a ver un nuevo componente electrónico, y no es otro que el *Cristal de Cuarzo*.

Para enseñarnos cómo funciona se ha venido mi primo Cristaloto, que es eso, uno de ellos.

¿Pero qué hace tan especial a este componente? Muy sencillo. Las bobinas y los condensadores no son exactamente lo más preciso que existe, ya que para fijar una frecuencia no siempre podremos conseguirlo. Y bueno, luego entra la parte en la que varían sus valores dependiendo de la temperatura, la humedad... una faena, la verdad.

Pero en cambio, un cristal de cuarzo cumple las mismas funciones que un circuito LC, pero es que encima, están calculados casi al hercio cuando se fabrican.

Es decir, nosotros vamos a una tienda de componentes electrónicos y podremos pedir, por ejemplo, uno que resuene a 7120 KHz, o a 4 MHz... Todo depende del uso que le vayamos a dar.

Por fuera son como unas cápsulas metálicas con forma de libro, más o menos. Pero por dentro es algo parecido a un condensador, con la diferencia que en vez de llevar un dieléctrico, llevan un trozo de cristal, de cuarzo, claro.

Ese cristal, literalmente, vibra cuando se le aplica una corriente eléctrica, y el paso de ella por su interior queda alterado con la frecuencia a la que se calcule que lo haga.

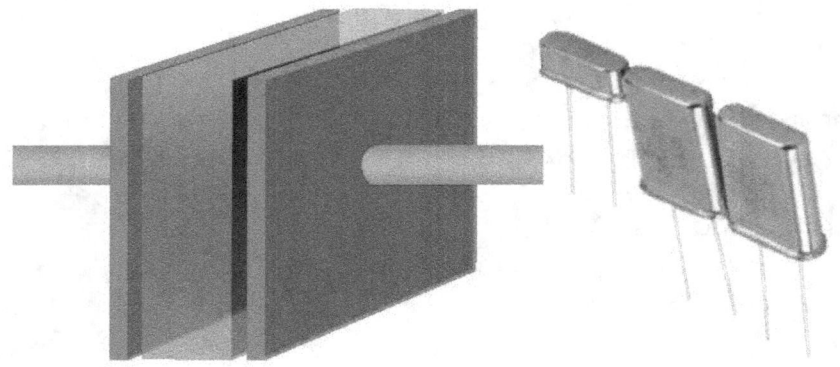

Y lo hacen cortándolo con una determinada medida. Ojo, el cuarzo es el más común, pero también se emplean otros materiales *Piezoeléctricos*, es decir, otros cristales o minerales, ya que el nombre correcto del componente es *Resonador Piezoeléctrico*.

Vamos a ver el oscilador anterior pero sustituyendo el circuito LC por uno de estos resonadores.

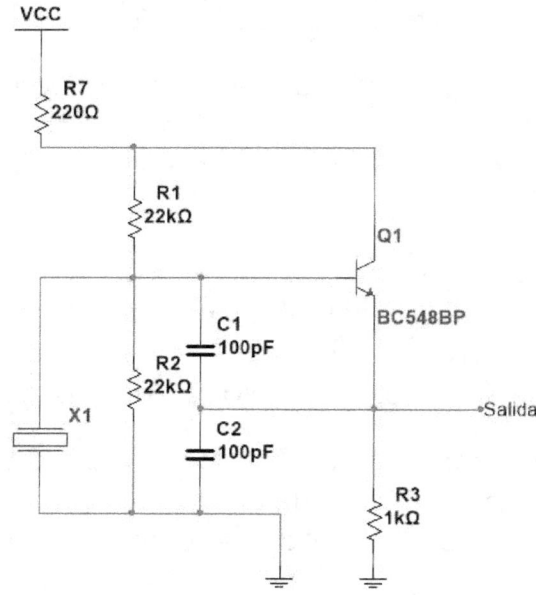

La estabilidad de un oscilador hecho con resonador piezoeléctrico es muchísimo mayor que cualquiera fabricado con bobinas y condensadores variables.

Pero a veces es necesario hacer variar la frecuencia del oscilador, sobre todo en aplicaciones de radio.

Si al cristal le añadimos un condensador, e incluso alguna bobina, este circuito se presta a ser uno de los más empleados en el mundo de los kits.

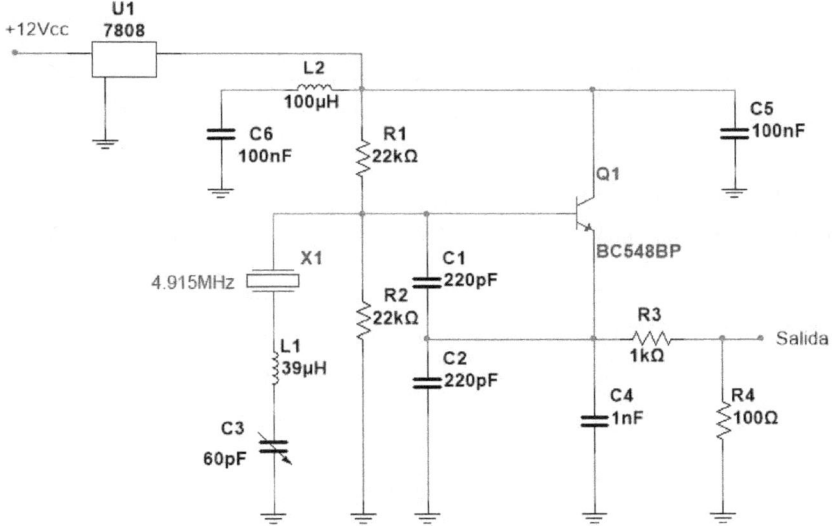

Este es el circuito del *Oscilador de Frecuencia de Batido* (OFB), y como todo en este mundillo es en inglés, *Beat Frequency Oscillator* (BFO) en los equipos que llamamos *Superheterodinos*, los más comunes en nuestros receptores y transmisores, y que además, el del esquema, es el empleado por el ILER-40 de EA3GCY Kits. Uno de los más famosos y sencillos de construir.

Los BFO necesitan ser diferentes en unos pocos hercios de la que llamamos Frecuencia Intermedia (IF), ya que al ser un equipo diseñado para Banda Lateral Única (BLU, SSB), tenemos de dejar un pequeño margen superior cuando es Banda Lateral Superior (BLS, USB) o inferior cuando es Banda Lateral Inferior (BLI, LSB).

Varía un poco... ¿Podemos hacerlo variar más?

¡Por supuesto! Pero antes vamos a recordar eso de los VFO que habíamos visto hace poco.

Los VFO son osciladores que varían su frecuencia lo suficiente como para poder recibir y transmitir en una banda, pero que eran algo inestables.

Por ello, existe un tipo de VFO que emplea cristales para estabilizarse. Por un lado nos permite una mayor precisión y estabilidad, pero por el otro quizás perdamos ancho de banda, es decir, partes de una banda que queramos emplear. Se llaman VXO, y por ejemplo, lo emplea el mismo kit, el ILER.

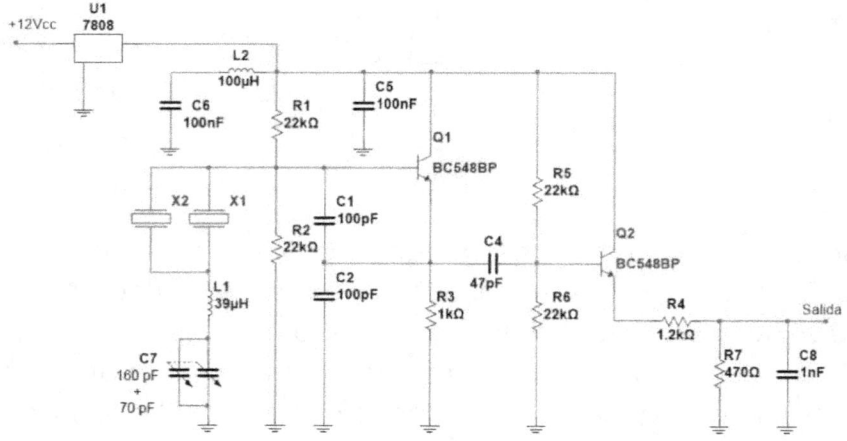

Las diferencias con el anterior circuito son dos básicamente. Por un lado, en vez de un cristal, aparecen dos, ya que colocándolos en paralelo, podemos hacerla variar un poco más que con solamente uno.

Por el otro lado, se le añade un nuevo transistor, y su única función es amplificar la señal del primero para reforzarla.

Otra cosa importante es que tanto el último como el anterior, son alimentados mediante 8 voltios de CC a través del estabilizador integrado 7808, hermano del 7812 que ya conocíamos.

En este montaje emplea la versión de 500 mA, encapsulada en formato TO-92, el mismo que muchos transistores, incluido el BC547.

Para diferenciarlo de su hermano mayor, se le añade una L mayúscula entre el 78 y el valor de tensión, es decir, 78L08.

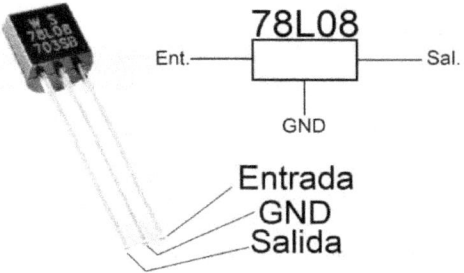

Osciladores con Varactor

Hemos visto que podemos emplear distintos condensadores variables para ajustar la frecuencia de un oscilador, pues bien, si recordamos del capítulo anterior, existían unos diodos que podíamos emplear como condensadores variables, los *Varactores* o *Diodos Varicap*.

Pues lo único que necesitaríamos para que nuestro oscilador funcionase con uno de estos, es sustituirlo por el condensador que usáramos, pero añadiendo un potenciómetro para usarlo en modo divisor de tensión.

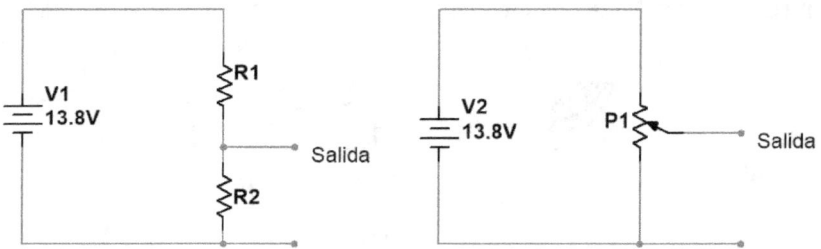

Cuando de dos resistencias en serie, sacamos de ella un terminal para medir su tensión, resulta que esta va a ser proporcional a ambas. Es decir, aplicamos simplemente la Ley de Ohm.

$$Vsal = \frac{R2}{R1+R2}Vent$$

Como al final, una resistencia variable es como colocar dos en serie y tomar del centro un terminal, en este tipo de configuración nos serviría para alterar la tensión en nuestro Varactor.

Vamos a ver el circuito del VFO del equipo que más adelante montaremos, el MFT-40.

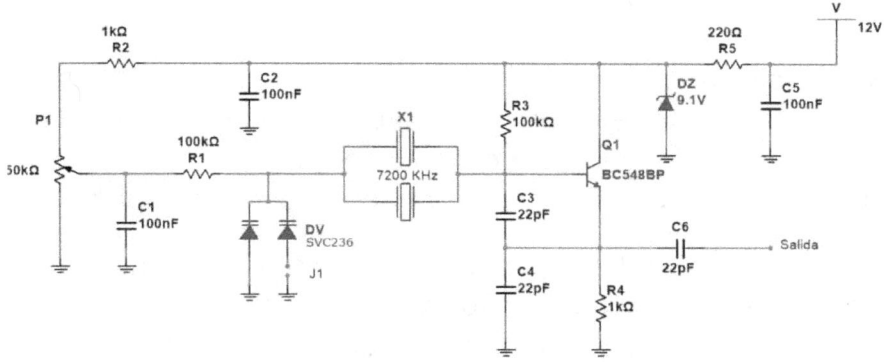

Como nota, observad que aquí no hay un estabilizador integrado, sino que se emplea un diodo zener de 9.1 voltios para alimentar el oscilador. La resistencia R5 de 220Ω será la encargada de consumir la tensión sobrante.

Bien, vemos que P1 está directamente conectado a positivo en serie con R2 de 1KΩ y R1 de 100KΩ en el cursor, esto se hace para que siempre exista una resistencia mínima y no llegue el 100% de la tensión de alimentación al diodo varicap.

C5 es un condensador de filtro, es decir, eliminan cualquier resquicio de rizado que pueda aparecer desde la alimentación. C1 y C2 evitan que circule RF hacia la alimentación.

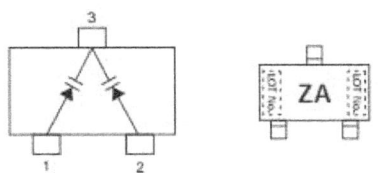

El diodo varicap empleado es un SVC236, un modelo integrado que dispone de dos unidades en un encapsulado SMC de los que ya habíamos hablado.

Una nota importante es que X1 no es un cristal de cuarzo. Se trata de un resonador cerámico de 7200 KHz, ya que este nos da un ancho de banda mayor al que nos daría un cristal de cuarzo.

El montaje dispone además de un puente al que se llama J1, que si no está conectado, emplearemos solamente uno de ellos, en cambio, si se conecta, serán los dos varactores los que actúen en paralelo para formar uno de más capacidad.

En la descripción del MFT-40, Javier Solans, su autor, nos indica que este VFO puede funcionar entre las frecuencias de 7122 y 7168 KHz cuando no está conectado, y entre 7086 y 7150 cuando sí lo está.

El puente, o Jumper como lo conocemos por su anglicismo, es un simple componente con dos o más patillas que podremos puentear con unas fichas de plástico que dentro contienen un conductor metálico, o incluso usarlos como conector para cableado.

Osciladores Integrados

Circuitos integrados los hay para todo, es más, casi pienso que los hay que hacen hamburguesas y todo.

Y los osciladores no iban a ser menos. Aunque realmente, el que veamos es esta sección es un *temporizador*, y lo utilizaremos en un modo que se llama *Multivibrador Astable*.

Es uno de los integrados más empleados en la enseñanza, ya que su bajo precio y su estabilidad, así lo permiten. Se llama NE555.

Nosotros vamos a ver un ejemplo de uso para la radio, ya que permite una frecuencia de hasta 1 MHz desde prácticamente cero. Crearemos un *Entrenador de CW*.

Lo primero que necesitamos conocer sobre él es su patillaje.

Para configurarlo como oscilador de pulsos, lo primero será alimentarlo con una tensión de entre 5 y 12 voltios de CC.

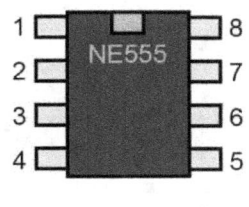

1 Masa   +Vcc 8
2 Disparo   Descarga 7
3 Salida   Umbral 6
4 Reset   Control 5

El Reset, pin 4, si lo conectamos a masa reiniciará el ciclo, pero si lo conectamos a positivo, seguirá con su funcionamiento normal.

El resto de las conexiones las podemos ver en el circuito de la página siguiente.

El potenciómetro P1 regulará el tono de salida, P2 el volumen, y R1 junto P1 y C1, la duración del ciclo.

Electrónica y Radio para Principiantes (Y Curiosos)

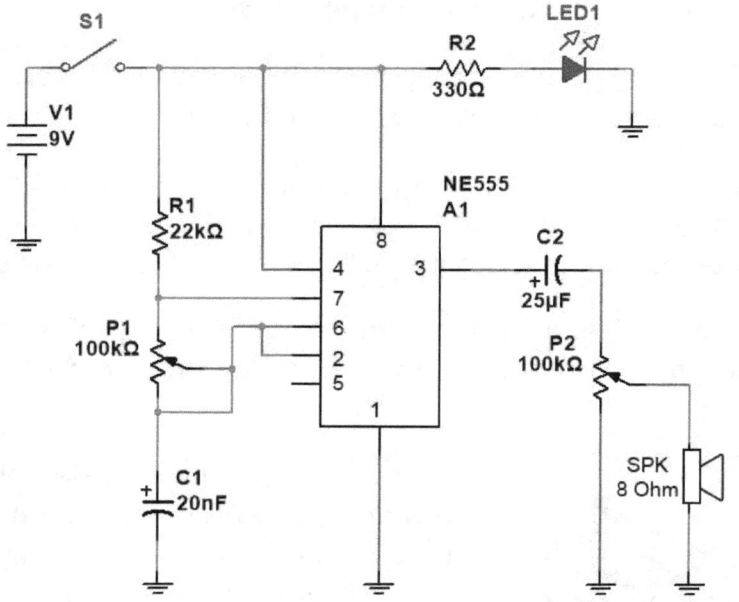

Como podréis observar, el circuito es sencillísimo. Pero quizás alguna vez necesitéis usarlo para alguna otra aplicación, para ello podríamos echar mano de la Hiper Calculadora.

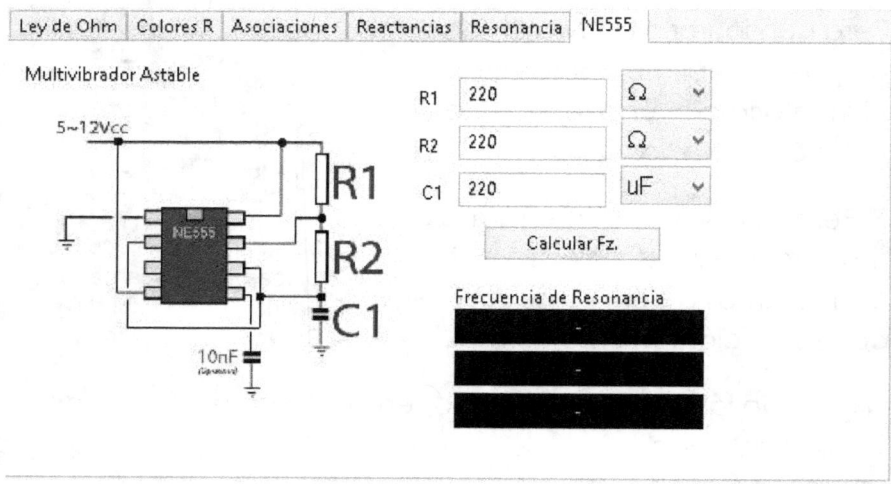

Podremos montar este circuito en una tarjeta *Breadbord*, de tal manera que el resultado sea algo parecido al de la imagen siguiente.

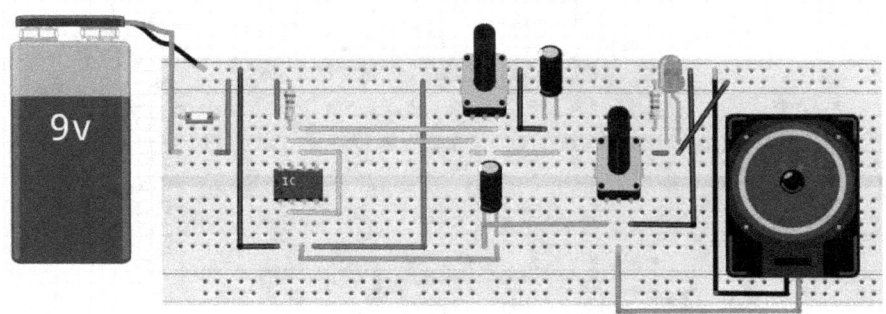

¿Pero te atreverías a diseñar un circuito impreso para ese montaje?

Yo te recomendaría montarlo dentro de una caja en la que tuvieras un conector tipo jack para el manipulador, otro para auriculares, y que los potenciómetros simplemente tuvieran conexión en la placa, ya que podrían quedar sujetos a la caja mediante la rosca que suelen disponer.

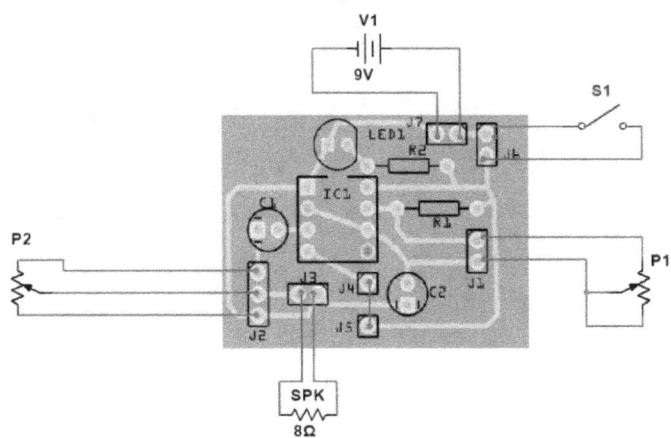

Este sería un ejemplo de montaje. La placa ha de medir 30 milímetros de alto y 40 de ancho.

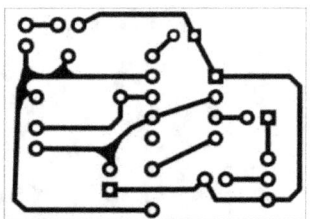

Este sería el tamaño de impresión para la placa ya invertida. No obstante, os dejo una un poco más grande para que podáis observarla y dibujarla mediante rotulador.

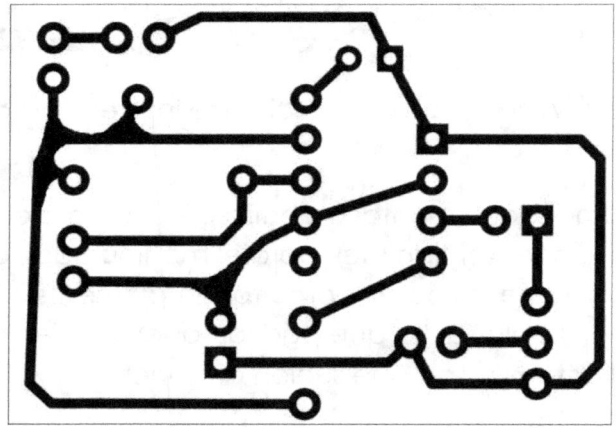

¡Ah! Entre J4 y J5 es necesario un puente, simplemente un cablecillo o resto de una patilla de resistencia que esté de lado de los componentes.

También podrías cablear el LED en vez de dejarlo soldado a la placa.

Dani Manchado

CAPÍTULO 12

Los DeeJay de la electrónica Los Mezcladores y Los Filtros

Filtros

Hasta ahora habíamos visto los filtros como circuitos que eliminaban una parte alterna en el rizado. Pues ahora los veremos en total plenitud.

Los hay de *Paso Bajo*, de *Frecuencia Intermedia*... ¿Pero qué son exactamente?

Pues son sencillos circuitos que solamente nos permiten pasar las frecuencias que nosotros queramos que pasen.

Podemos encontrarnos básicamente cuatro tipos:

- Filtro Paso Bajo: Solamente dejará pasar las frecuencias por debajo de una que marquemos.
- Filtro Paso Alto: Al revés, solamente las que estén por encima.
- Filtro Paso Banda: Dejará pasar las frecuencias que se encuentren entre un mínimo y un máximo.
- Filtro Piezoeléctrico: Al final es uno de los anteriores, pero con la característica que la mínima y la máxima estarán muy cerca y prácticamente solo dejará pasar una frecuencia. Y claro, fabricados con material piezoeléctrico.

Vamos a verlos.

Filtro Paso Bajo

Se usan en la transmisión para evitar que las *Frecuencias Armónicas*... Ehhh...

 Cuando se genera una señal alterna, tiene una frecuencia principal, pero también aparecen por ahí lo que llamamos *Frecuencias Armónicas*, que son múltiplos de la principal.

El caso, se usan para evitar que los armónicos salgan también por la antena. Y normalmente se suelen diseñar para que la frecuencia de corte (Desde la que no queremos que pasen) sea el valor medio entre nuestra frecuencia del transmisor y el doble (Se llama primer armónico).

Vamos a ver un ejemplo. Si diseñamos un equipo para la banda de 40 metros, la máxima frecuencia que usemos será 7200 KHz, por lo tanto, su primer armónico estará en 14400 KHz.

Pues diseñamos un filtro que corte, por ejemplo, en 10000 KHz, un valor centrado entre ambos.

Esto se hace porque los filtros paso bajo no son muy exactos, entonces así tenemos cierto margen de maniobra con ellos si dejamos pasar unos cuantos hercios más.

Se suelen diseñar con condensadores y bobinas dispuestas en forma de letra L invertida.

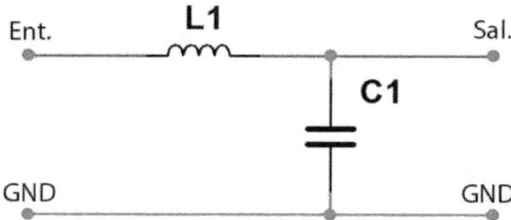

¿Recordáis que las impedancias funcionaban de distinta manera en las bobinas y en los condensadores? Claro, y vamos a aprovecharnos de ello para fabricar nuestros filtros.

Cuando una bobina la conectamos en serie con una señal alterna, cuando más baja sea su frecuencia, menos impedancia tendrá, es decir, dejará pasar mejor una frecuencia baja que una alta.

Pero si además conectamos un condensador en paralelo, es decir, entre la señal y la masa, aquí será más baja la impedancia cuanto mayor la frecuencia, es decir, las señales con menor frecuencia serán desviadas a GND mientras que las más altas seguirán su camino hacia la salida.

Pero esto en la práctica, si… funciona, pero podremos hacerlo funcionar mejor añadiendo más elementos al filtro.

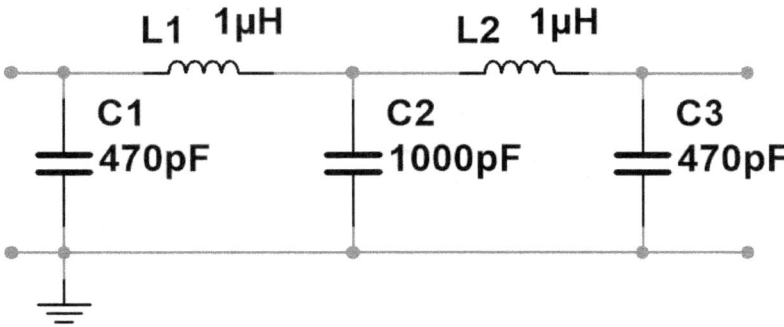

Este es el esquema del filtro paso bajo que nos encontramos en la salida de transmisión del Kit MFT-40. Está diseñado lógicamente para la banda de 40 metros, por lo tanto, las frecuencias por encima de 7200 KHz serán eliminadas, o al menos, las que se encuentren ya en torno a los 14000 KHz.

Filtro Paso Alto

Pues justo lo contrario al bajo, ya que lo que nos interesa es dejar pasar una frecuencia por encima de la de corte.

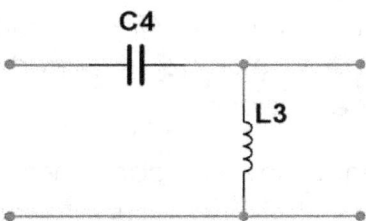

El condensador impide el paso de frecuencias bajas, y la bobina las desvía hacia masa... Sencillo.

Pero al igual que antes, podremos añadirle más etapas para aumentar la eficacia del filtro.

Filtro Paso Banda

Sigue siendo igual de sencillo, simplemente deberemos de diseñar dos filtros, uno paso bajo y uno paso alto.

Lógicamente, la frecuencia de corte del filtro paso alto deberá de ser mayor que la de paso bajo, para que así nos deje solamente pasar un margen de frecuencias.

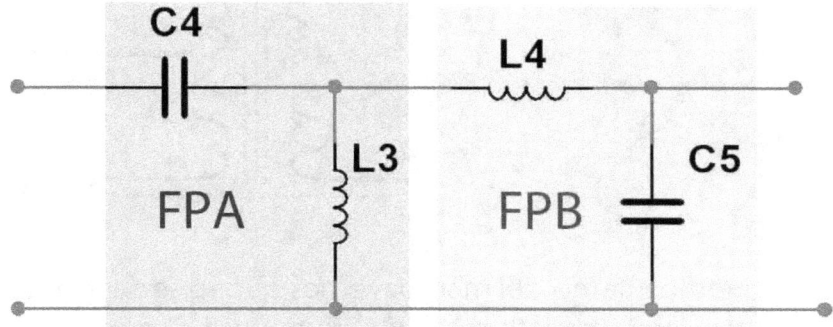

Estos filtros suelen ubicarse en las etapas de recepción, ya que así el mezclador del VFO solamente verá el margen de frecuencias que nos interese.

Por ejemplo, el FPB empleado en el Kit MFT-40 es el siguiente.

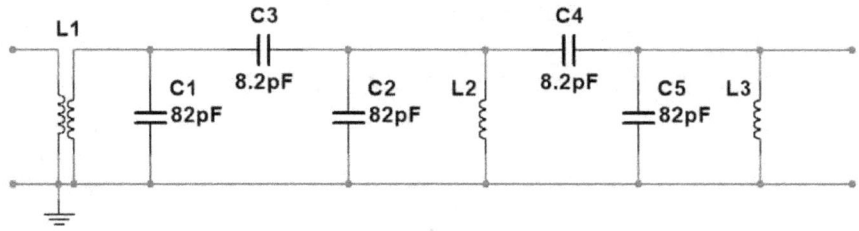

Las bobinas empleadas en este diseño son unos transformadores ajustables de RF... Bien, os explico.

En L1 emplearemos el transformador completo, con su primario conectado a la antena, y su secundario al resto del filtro. Pero en L2 y L3, únicamente conectaremos uno de sus bobinados, que además, tienen una inductancia de 5,3uH.

Estos transformadores se llaman KANK3334.

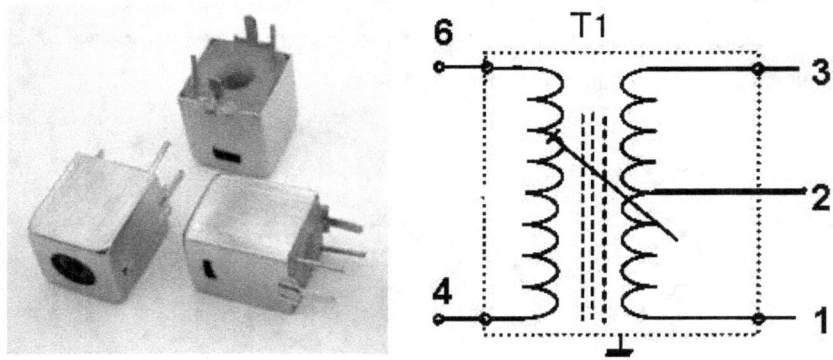

En el esquema interno del mismo, vemos que su secundario dispone de una toma intermedia, pero en este diseño no la emplearemos.

Existen otros modelos de transformadores de RF, con diferentes inductancias, e incluso, con condensadores integrados. Pero para este filtro en particular, el empleado es este.

Filtros Piezoeléctricos

Como ya os había comentado, son unos filtros que solamente dejan pasar una frecuencia, o al menos, con muy poco ancho de banda.

¿Os acordáis que habíamos visto unos componentes fabricados por material piezoeléctrico? ¡Claro! Los cristales de cuarzo. Pues los usaremos para fabricarnos filtros, ya que cuando los atravesamos con una señal alterna, solamente dejará pasar la frecuencia para la que fueron cortados.

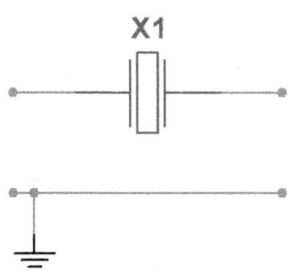

Supongamos un cristal de 10MHz, por ejemplo, y aplicamos una señal que varíe entre los 8 y los 12 MHz. El cristal solamente dejará pasar esa señal cuando su valor en frecuencia sea de 10 MHz exactos.

¿Pero cómo haremos para que nos deje pasar algún hercio más? Pues añadiendo más cristales e insertando condensadores para hacer variar su frecuencia de resonancia... y cuantos más pongamos, más ancho de banda tendremos.

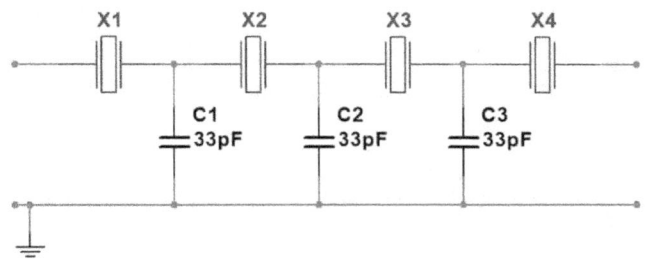

Este último es el empleado por el Kit ILER-40, montando cristales de la misma frecuencia que la FI del equipo, siendo esta de 4915 KHz.

Pero además los hay que ya están fabricados, solamente necesitamos enchufarlos y listo.

Cada uno dispone de valores de ancho de banda y frecuencia de paso.

Mezcladores

Pues sí, son mezcladores, pero no de música... de frecuencias.

Aunque realmente no es que mezclen, lo que hacen es sumar y restar las frecuencias... Me explico. Si en un aparato de estos metemos dos señales y cada una de ellas tiene una frecuencia, a su salida obtendríamos su suma, su resta, y además, las señales originales.

Para representar un mezclador en los esquemas, aunque más bien en los diagramas en bloque (Circuitos independientes que unimos), usamos un símbolo como este.

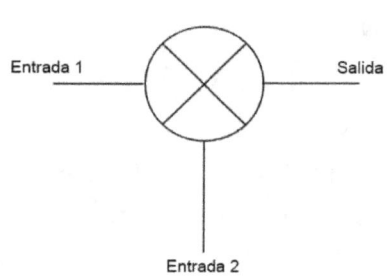

No es más que un cículo con una cruz a 45 grados, y a él le llega una de las señales por la izquierda, la otra por abajo, y por la derecha tiene la salida con la suma/resta de las otras dos.

Pero vamos a verlo mejor con un ejemplo,

Si a un emzclador inyectamos dos señales, una de 1,1MHz (F1) y la otra de 1 MHz (F2), a la salida tendríamos:

- 2,1 MHz (La suma)
- 0,1 MHz (La resta)
- 1,1 MHz (Una original)
- 1 MHz (La otra original)

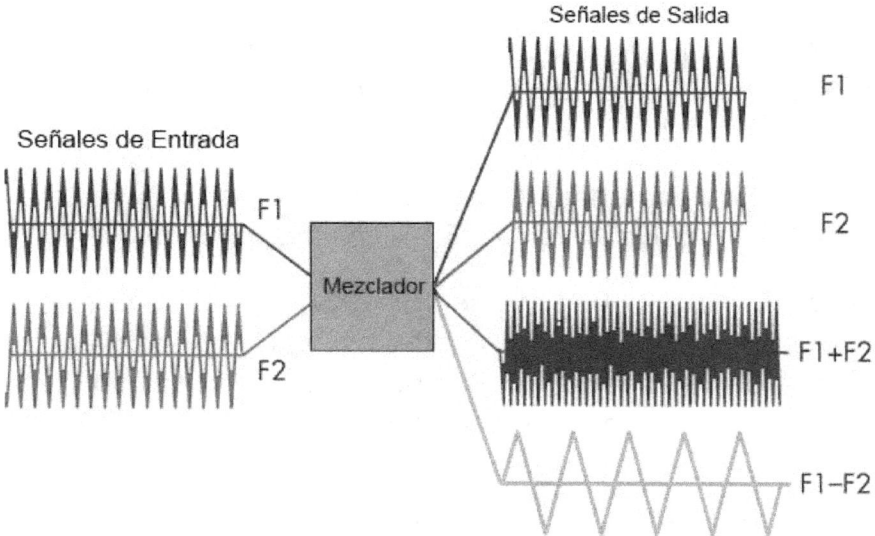

Tradicionalmente se mezclan las señales con un sencillo circuito, pero que precisa de dos transformadores con toma intermedia. Por ejemplo, es usado en el BITX, un equipo QRP diseñado por Ashhar Farhan, un joven ingeniero indio con componentes reciclados de otros aparatos electrónicos.

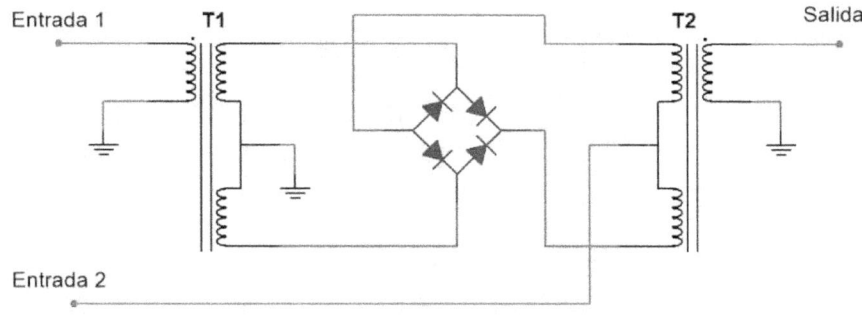

En el caso de los equipos de radio, los transformadores pueden fabricarse con pocas espiras, ya que la frecuencia de funcionamiento es alta. Por cierto, a la salida se le llama señal *Heterodina*.
Pero gracias a los circuitos integrados, todo es más fácil.

Mezclador NE/SA6x2

Desde que lo inventaron, la vida de los amates de los QRP (Se les llama así a los equipos autofabricados de poca potencia) se ha vuelto más llevadera.

Y es que no solamente mezclan, pues además nos permiten amplificar las señales dentro de los transceptores.

Arriba en el título, pone que son NE/SA6x2, ya que podremos encontrarlos con distintos nombres, como SA602 o NE612. Aunque existen pequeñas diferencias, en la práctica son totalmente intercambiables unos por otros. Pero ojo, siempre siendo 602 y 612.

Son circuitos integrados con formato de 8 patillas. Veámoslo.

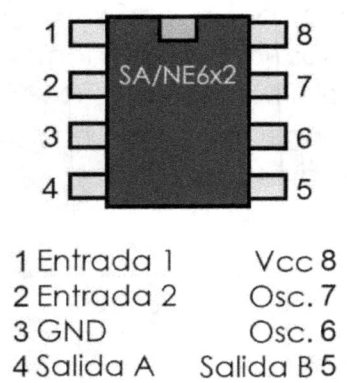

1 Entrada 1   Vcc 8
2 Entrada 2   Osc. 7
3 GND   Osc. 6
4 Salida A   Salida B 5

Este circuito se alimenta mediante los pines 4 y 8 entre unas tensiones recomendadas de 4,5 y 8 voltios.

Entre los pines 1 y 2 inyectaremos una de las señales, y la otra, entre el 7 y 8, marcadas como entradas 1 y 2, y oscilador.

Entre los pines 4 y/o 5 tendremos la salida con la suma y resta de las dos señales originales (Entradas y Oscilador).

Realmente no tiene ningún otro misterio.

Vamos a ver un ejemplo de uso.

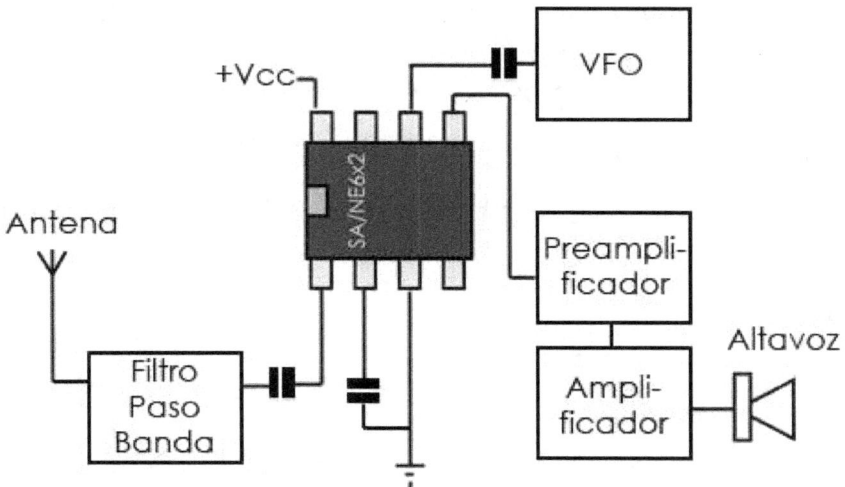

Este es el diagrama de bloques del receptor del MFT-40. Podemos ver simplemente 4 bloques y el integrado 6x2 para mezclar.

El primer bloque es el *Filtro Paso Banda,* o por sus siglas en inglés, BPF (*Band Pass Filter*). Desde ahí la señal que deja pasar el BPF, por ejemplo, 7100 KHz junto con la señal de la voz modulada (Vamos a llamarla *Señal RX*), pasa al mezclador, al cual también le inyectamos una señal de 7100 KHz desde el VFO (La vamos a llamar *Señal VFO*).

En la salida lo que tendríamos es la resta de las señales RX menos VFO, que siendo la primera una mezcla de 7100 junto con el audio, y al restarle 7100, obtendríamos el audio recibido tal cual. Ojo, también tendríamos una señal de 14200 KHz, pero como el preamplificador solamente amplificará señales por debajo de 20KHz, esa realmente no nos preocuparía.

A este tipo de receptores se les llama *Heterodinos* o de *Conversión Directa*, ya que no interviene ninguna frecuencia intermedia que tengamos que tratar.

Al igual que lo usamos en recepción, también podremos emplear este integrado para transmisión de un modo muy parecido.

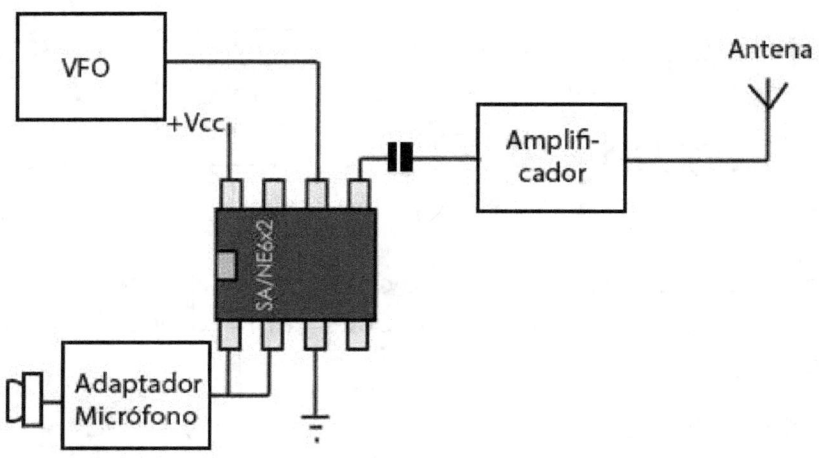

Mediante el integrado mezclamos la señal de audio que llega desde el micrófono y la que se genera en el VFO.

Suponiendo que la frecuencia de audio sea de 1000 hercios, y la del VFO de 7100 KHz, a la primera etapa del amplificador de salida le llegarían 7101 y 7099, es decir, dos señales de radio moduladas, una por encima de la frecuencia Portadora (La frecuencia principal de transmisión) y otra por debajo.

A esta modulación se le llama *Doble Banda Lateral*, o por sus siglas en inglés, DSB (*Double Side Band*).

Superheterodino

No se trata de ningún héroe sacado de los cómics, pero la verdad es que su nombre confunde...

Lo de *Super* no viene de que haga algo super-especial, simplemente se refiere a un emisor y/o receptor heterodino que emplea una sola frecuencia para trabajar. Es decir, nosotros podremos tener un transceptor que pueda usarse en toda una banda de frecuencia, pero en el que trabajemos para modularla, amplificarla o mezclarla en una sola fija.

Ojo, también existen equipos con más de una *Frecuencia Intermedia*, que es así como se llama a esa en la que trabajamos.

Además, dentro del equipo existen circuitos que emplearemos tanto para transmisión como para la recepción, como por ejemplo algún filtro, el oscilador de batido o el oscilador de frecuencia variable.

Si observamos el funcionamiento mediante bloques de circuitos lo entenderemos mucho mejor.

Vamos a verlo en recepción.

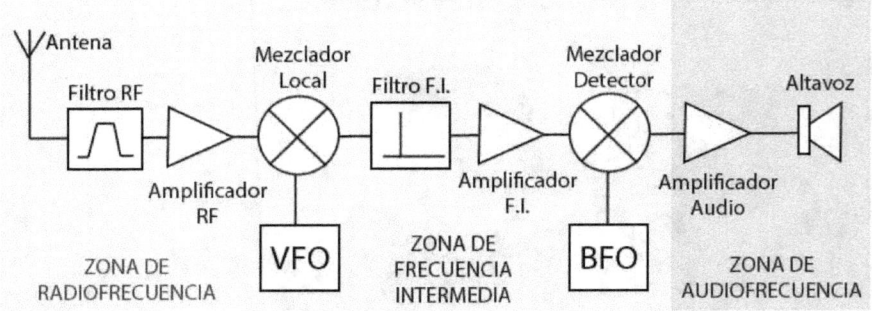

Este es el diagrama de bloques de un equipo funcionando en recepción. Debemos de leerlo de izquierda a derecha, que es en la dirección en la que nos lleguen las señales.

Primero tenemos la antena, de ella pasan todas las frecuencias posibles que sea capaz de recibir, pero eliminaremos las que no nos interesen en el Filtro de *Radiofrecuencia* (RF) que es un FPB, y estas que nos convienen, las amplificamos.

Después entra en juego el oscilador de frecuencia variable, ya que estará diseñado, no para una frecuencia de recepción como lo estaba en el heterodino, sino para una que sea, junto con la *Frecuencia Intermedia* (FI), bien sumándola o restándola, la que queramos recibir. Por ejemplo, si calculamos la FI de este circuito en 10 MHZ, y queremos recibir 7 MHz, el VFO deberá estar en torno (Variar en la banda) de 3 MHz, ya que restaríamos a la FI el VFO.

Lo siguiente que tenemos es un filtro, pero esta vez solamente dejará pasar una frecuencia fija con un pequeño margen, la FI junto con la frecuencia de audio. Justo después la amplificamos.

Ahora viene otro mezclador, pero a este le inyectamos una frecuencia que viene de un oscilador que llamamos BFO,

Oscilador de Frecuencia de Batido (Beat Frequency Oscillator), y que su frecuencia será la FI.

¿Qué ocurre aquí? Pues que una vez mezcladas ambas frecuencias, la que llega del amplificador que era la FI junto con el audio, y la del BFO, que es la FI, en la salida tendríamos la suma (Prácticamente el doble de la FI) y la diferencia (Solamente la señal de audio) de las entradas.

Y como solamente el amplificador está diseñado para trabajar con frecuencias de audio, la otra simplemente desaparece y amplificamos la señal de la voz, datos o Morse que deseemos.

¿Recordáis que cuando hablábamos de los BFO hace unos capítulos decíamos que tenía que variar un poquitín?

Cuando trabajamos en Banda Lateral Única (SSB), existen dos posibilidades, que el audio llegue por encima de las frecuencias portadora e intermedia (La llamamos Banda Lateral Superior, USB), o por debajo (Banda Lateral Inferior, LSB). El filtro de FI está diseñado para dejar pasar su frecuencia junto con ese margen, normalmente en ambos casos, por arriba y por abajo, de 2400 Hz. Lo necesario para contener voz.

En el caso de usar los integrados NE/SA6x2, tanto el amplificador de RF como el de FI, estarán dentro de estos.

El otro modo de emplear esta FI es usando un equipo como transmisor. Prácticamente será igual que el anterior diagrama, pero con la diferencia que la señal irá en sentido contrario.

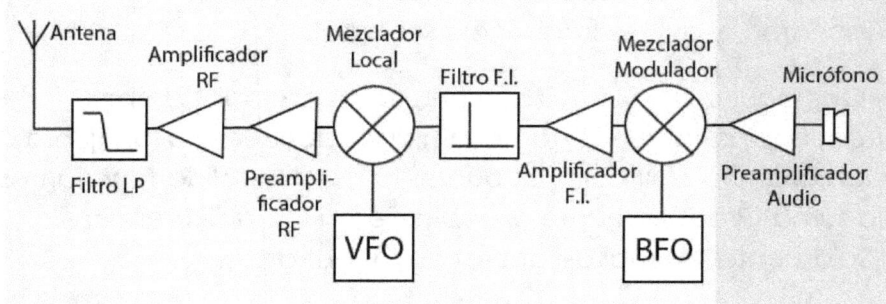

Aquí leeremos de derecha a izquierda, y lo primero que vemos es el micrófono que amplificaremos un poquitín antes de mezclar su señal con la del BFO.

Si os fijáis, en ambos diagramas el mezclador que está más cerca del audio, toma nombres diferentes, ya que cuando recibimos, el nombre que se le da a la extracción del audio de otra señal es *Detección*. Pero en transmisión, lo que hacemos es *Modular* (Modificar con nuestra voz) la FI.

El caso, si no hay mezclador integrado, amplificaremos la FI que viene modulada para pasarla por un filtro en la que dejaremos esa FI con el margen del audio.

Mezclamos la FI con la frecuencia que nos falte o sobre para llegar a la RF deseada con el VFO, y se preamplifica un poquito, bien en un integrado o mediante un circuito auxiliar.

Ya por último amplificaremos toda la señal resultante, pero en vez de filtrar solamente la banda en la que trabajemos, se suele montar un filtro *Paso Bajo*, LP (*Low Pass*), ya que cuando se genera una señal alterna, no solamente fabricamos la frecuencia deseada, ya que también aparecen por ahí lo que llamamos *Armónicos*.

Dani Manchado

CAPÍTULO 13
Mejorando nuestros equipos

En el capítulo anterior ya empezábamos a ver casos reales de transmisión y recepción, cada uno por su lado, pero ahí estaban. También veíamos los bloques para equipos que llamamos monobanda, es decir, que trabajan en un solo margen de frecuencias.

En este comenzaremos a ver distintas mejoras para hacer nuestros equipos más reales.

Pero antes he de explicaros un nuevo componente, ya que será necesario para conmutar (pasar de uno a otro y viceversa) entre transmisión y recepción.

El Relé

¿Recordáis que cuando hablábamos de las bobinas decíamos que se generaba un campo magnético en ellas si aplicamos una corriente eléctrica?

Pues nos aprovechamos de ello para este nuevo componente llamado Relé.

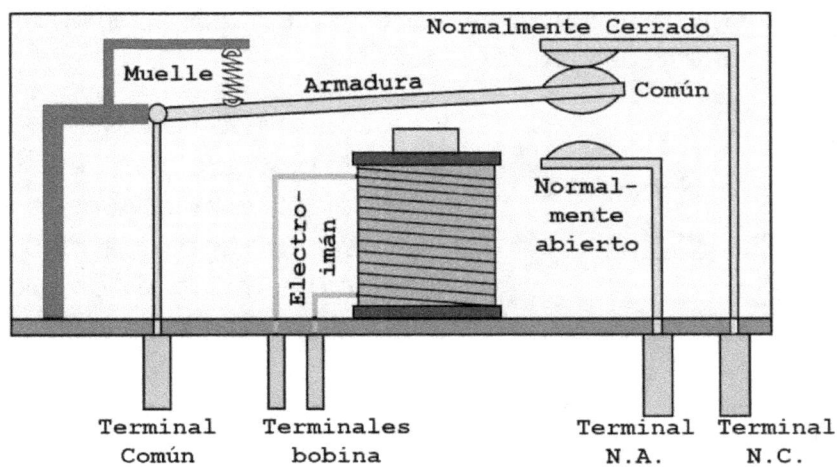

Justo al final de la página anterior, vemos a nuestro amigo Relay en una radiografía. Observemos que hay dentro.

Lo que más ocupa dentro del relé es el electroimán, ya que al final es una bobina con núcleo de hierro que al aplicarle una corriente eléctrica genera un campo a su alrededor.

Pero cuando lo genera (Cuando aplicamos corriente a los terminales de la bobina), atrae por su efecto magnético a una pieza metálica llamada Armadura. Si dejamos de aplicar esa corriente, la armadura volverá a su sitio gracias al muelle que tiene arriba.

¿Os fijasteis que la armadura hace contacto con otros dos terminales dependiendo si la bobina tiene electricidad o no?

A estos terminales los llamamos *Normalmente Abierto* (NO del inglés *Normally Open*) y *Normalmente Cerrado* (NC, *Normally Close*) y el terminal que actúa entre ellos *Común*.

Por ejemplo, en el micrófono de nuestra emisora tenemos el pulsador llamado PTT (*Push To Talk, Pulsar para hablar*). Pues lo que este hace es enviar corriente a un relé (A su bobina) para intercambiar el estado entre transmisión y recepción, ya que alimentará la parte de recepción mediante el terminal NC y la parte de transmisión con el NO.

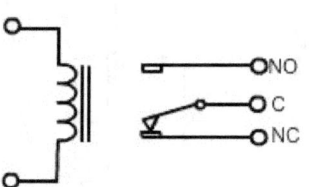

En los esquemas podremos encontrarlo dibujado como este símbolo de aquí al lado. Aunque hay veces que la bobina se dibuja simplemente como un rectángulo.

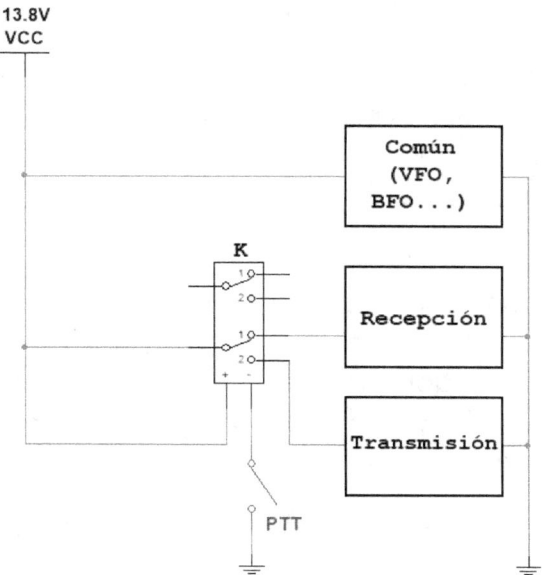

En este último diagrama de bloques podemos encontrar el caso práctico de un transceptor, es decir, un equipo que es capaz de recibir y transmitir.

Vemos que el relé K, que es así como solemos llamar a los relés en los esquemas, tiene alimentación positiva en dos de sus terminales, el común de uno de sus contactos (Normalmente tienen dos) y a uno de los terminales de la bobina. Desde este último vuelve a masa, pero pasa por un pulsador, ya que cuando se cierre (Se pulse), el electroimán quedará alimentado.

El otro, el que va al común, vemos que estando relajado (Sin corriente en la bobina), alimentaría los bloques de recepción, pero en cambio, si pulsamos el PTT, dejaría estos para alimentar los de transmisión.

¡Ojo! Hay partes comunes que necesitan siempre de alimentación, como los osciladores o los LED que iluminan el panel frontal de cualquier emisora.

Transceptor Multibanda

Llamamos *Multibanda* a cualquier transceptor que sea capaz de trabajar en distintas bandas de radioaficionado, como por ejemplo todas las que llamamos de HF. Si fueran dos bandas, las típicas emisoras de 2 metros y 70 centímetros, se llamaría *Bibanda*.

Para que nuestro equipo sea capaz de funcionar en distintas bandas, deberemos de diseñar filtros específicos para cada una de ellas. Pero además, deberemos de ser capaces de hacer conmutación entre ellos, tanto en los de paso banda como en los de paso bajo.

Para estos menesteres empleamos también los relés. Vamos a ver un ejemplo.

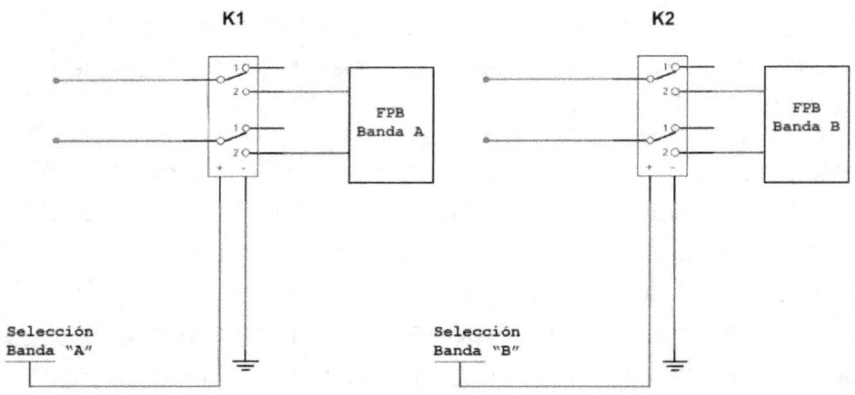

Aquí vemos dos relés en los que aprovechamos los dos conmutadores que integran. Uno de ellos será la entrada y el otro la salida.

Si no aplicamos una tensión a la bobina de cualquiera de ellos, estarán relajados y sus contactos abiertos, es decir, no habrá unión entre la entrada y salida.

Pero si la aplicamos, los contactos pasarán a estar en la posición de NO, y entonces la entrada quedará unida a la salida mediante el filtro.

Pero recordad que también debemos de cambiar el otro filtro, el que va justo antes de la antena (LPF), y para estos, emplearemos también relés.

Antiguamente se empleaban conmutadores mecánicos para seleccionar la banda en la que queríamos trabajar. Hoy en día es mucho más usual encontrarnos equipos que seleccionan la banda mediante *Microprocesadores* o *Microcontroladores*.

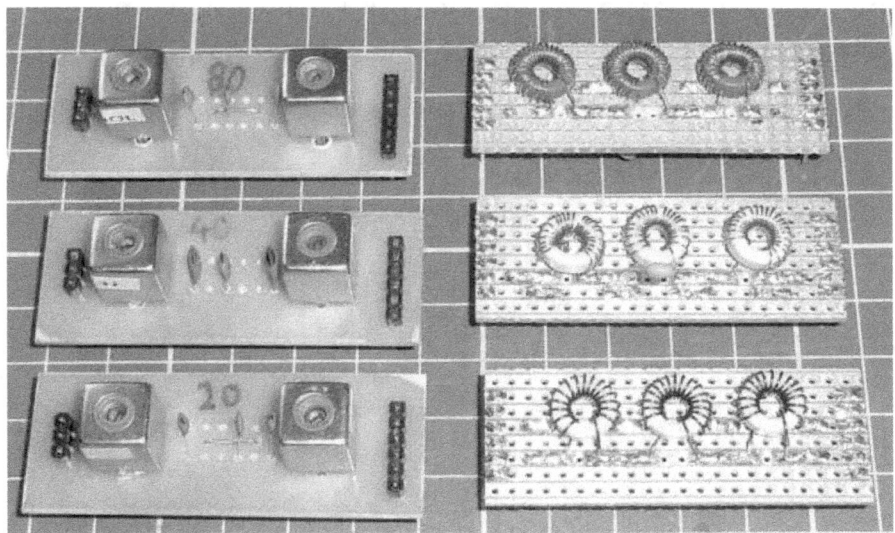

En esta última imagen vemos distintos filtros (BPF y LPF) realizados por M0XPD para su transceptor BITX.

Ejemplos de Diseño de Filtros

En esta parte del capítulo veremos distintos filtros empleados para cada banda. Son los típicos que usualmente montan los amantes del QRP.

Comenzamos por los de paso banda, ya que son un único esquema para todos ellos.

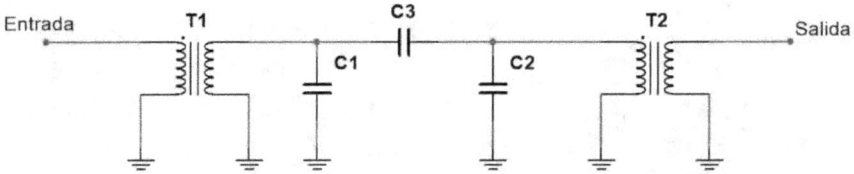

T1 y T2 son transformadores de RF de la familia del KANK que habíamos visto hace unas páginas. Cada modelo de los que os muestro en la tabla tiene unas características internas diferentes.

Los datos de cada uno de los filtros para las distintas bandas son los de la siguiente tabla.

Banda	KANK	C1 y C2	C3
160M	3333	150 pF	12 pF
80M	3333	39 pF	3,3 pF
40M	3334	100 pF	8,2 pF
30M	3334	47 pF	6,8 pF
20M	3335	22 pF	3,3 pF
17M	3335	68 pF	6,8 pF
15M	3335	47 pF	4,7 pF
12M	3335	33 pF	3,3 pF
10M	3335	22 pF	3,3 pF

Para los filtros paso bajo que veremos ahora, emplearemos un nuevo componente llamado *Toroide*.

Son anillos fabricados con material ferroso (Con hierro y otras cosas) en los que arrollaremos una bobina. Ojo, también podremos construir transformadores con ellos, pero ahora solamente unas bobinas, ya que su material permite un mejor flujo del campo magnético que circula por ellas, a parte claro, que al ser circulares, el mismo campo siempre estará *encerrado* en él.

En los siguientes filtros emplearemos solamente tres modelos de toroide, que además, tienen la misma medida, pero sus características físicas (El material del que están hechos), hace que funcionen mejor en unas frecuencias o en otras.

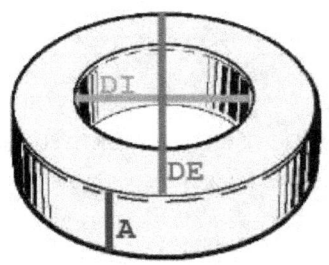

Tipo	Color	DI	DE	A
T50-1	Azul	7,7mm	12,7mm	4,8mm
T50-2	Rojo	7,7mm	12,7mm	4,8mm
T50-10	Negro	7,7mm	12,7mm	4,8mm

Son los conocidos como T50-1, T50-2 y T50-3. El primero es de color azul, rojo el segundo, y por último, el negro.

Aquí se emplean diferentes diseños dependiendo de la banda o bandas para los que están pensados, ya que por ejemplo, podremos usar el filtro de 40M para 30 porque su primer armónico es superior a la frecuencia de la banda.

Diseño para las bandas de 160 y 80 metros:

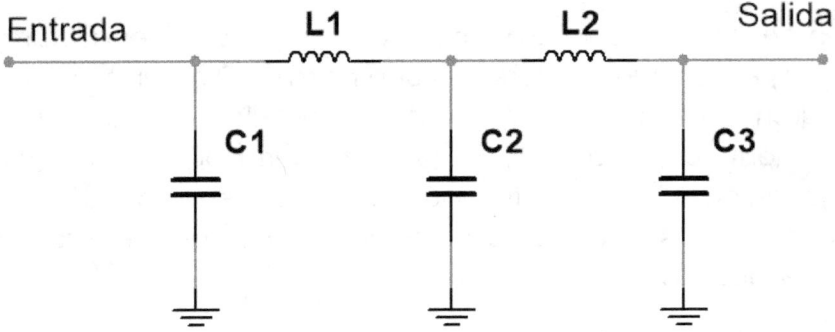

Y los componentes son

Banda	C1	C2	C3	L1	L2
160M	1500pF	2700pF	1500pF	5.08uH	5.08uH
80M	1200pF	1800pF	1200pF	2.51uH	2.51uH

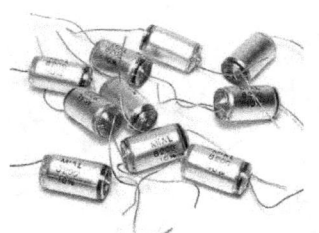

Los condensadores más adecuados para estos montajes son unos que llamamos de *Poliestireno*, ya que tienen muy poca variación con la temperatura y aguantan más tensión que los cerámicos.

Las bobinas L1 y L2 son de los valores indicados en la tabla. Al final de esta sección, os explicaré como hacerlas con los toroides, ya que no todos ellos se fabricarán de la misma manera, y claro está, tampoco con las mismas espiras.

Al ir aumentando la frecuencia en las bandas, podremos ver que los filtros empleados pueden usarse en grupos, como por ejemplo los siguientes, que sirve el mismo para 40 y 30 metros.

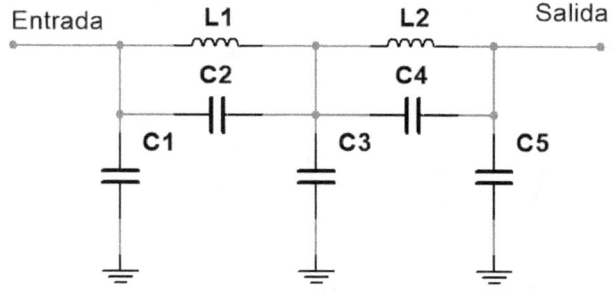

Bandas	C1	C2	C3	C4	C5	L1	L2
60/40	390	39	680	110	330	1.37	1.17
17/15	150	12	220	39	100	0.47	0.47

Ya por último, veremos el último diseño para las bandas de HF.

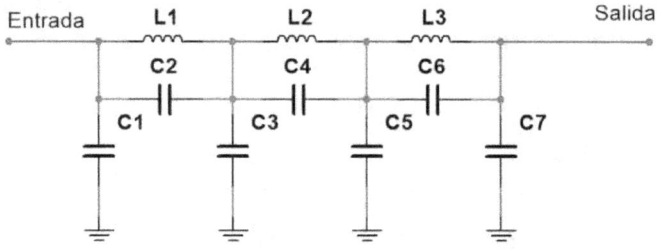

Bandas	C1	C2	C3/5	C4	C6	C7	L1	L2	L3
30/20	100	27	220	150	120	47	0.58	0.40	0.43
12/10	68	18	150	47	33	82	0.38	0.33	0.33

Por cierto, todos los valores de las tablas son en pF cuando son condensadores, y uH cuando son bobinas.

Ahora vamos a ver cómo montarías todas estas bobinas en los toroides. Para ello, vamos a fijarnos en la siguiente tabla.

Banda	L1	L2	L3
160	T50-1 (21)	T50-1 (21)	
80	T50-2 (21)	T50-2 (21)	
60/40	T50-2 (15)	T50-2 (13)	
30/20	T50-10 (10)	T50-10 (9) (a)	T50-10 (10) (a)
17/15	T50-10 (9) (b)	T50-10 (9) (b)	
12/10	T50-10 (8)	T50-10 (7)	T50-10 (7)

Cada bobina de cada diseño está montada sobre uno de los toroides que se indica, pero además, entre paréntesis tendremos las espiras que hay que arrollar.

Todas, excepto las marcadas con las letras a y b, las montaremos ocupando todo el toroide. Las marcadas con la letra a, lo haremos en su mitad, y por último, las de la letra b, en tres cuartas partes.

Las que están sin marcar   **Las que están marcadas con "a"**   **Las que están marcadas con "b"**

Pero tomad nota, pues el hilo que se arrolle debe de estar esmaltado para evitar que se produzcan cortocircuitos sobre el toroide.

Si os gusta el diseño de filtros, o quizás solamente el de bobinas, os recomiendo el programa llamado *Mini Ring Core Calculator* del compañero Wilfried Burmeister (DL5SWB). Es gratuito, muy eficaz y sencillo de usar.

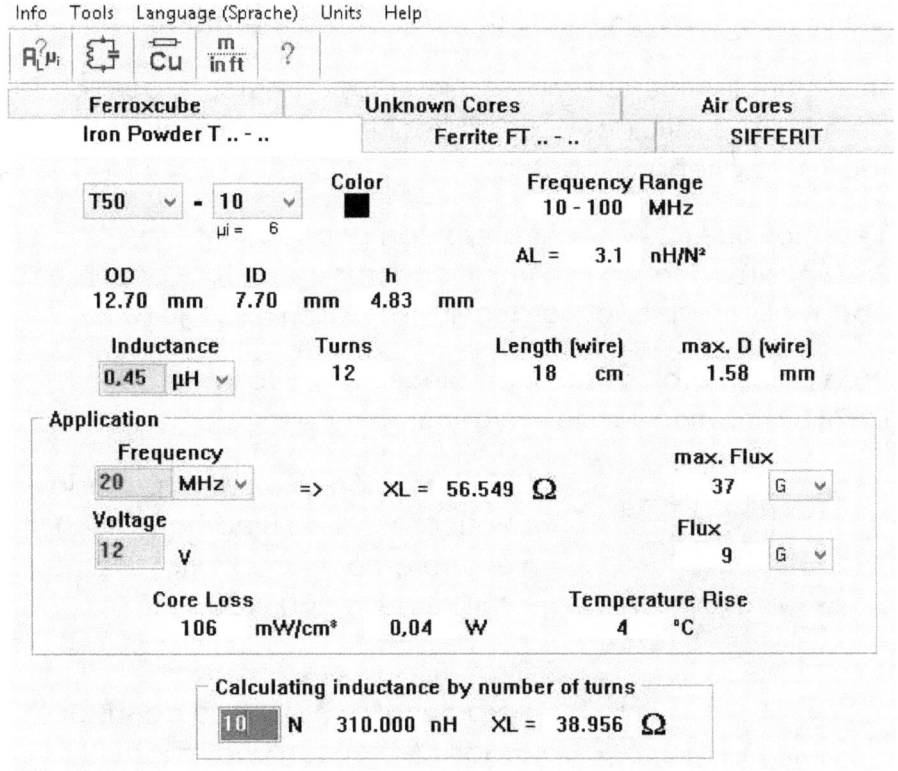

Amplificadores de Audio

Otros circuitos que son necesarios para el correcto funcionamiento de nuestros equipos son los amplificadores de audio, ya que con ellos podremos hacer sonar la voz, datos o Morse que hemos detectado en el último mezclador.

Tradicionalmente se emplean sencillos transistores, pero a día de hoy son sustituidos por circuitos integrados, mucho más fáciles de diseñar y montar.

Veremos que nos encontramos con dos tipos, los *Preamplificadores*, y los *Amplificadores* como tal. Los primeros nos adaptan la señal para ser inyectada a los segundos.

Para los primeros, se suele emplear el circuito integrado LM741, amplificador de uso general.

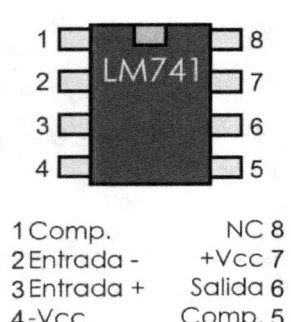

1 Comp.
2 Entrada -
3 Entrada +
4 -Vcc

NC 8
+Vcc 7
Salida 6
Comp. 5

Su presentación es un encapsulado tipo cucaracha de 8 patillas (DIP-8) y en él podremos encontrarlos el pinout (patillaje) de la izquierda.

Se trata de un *Amplificador Operacional* que dispone de sus dos entradas (- y +) con una salida.

Es un circuito muy simple de usar, y que si además queremos hacerlo funcionar como preamplificador, no se complica demasiado. Vamos a ver el circuito que monta el kit MFT40 para estos menesteres.

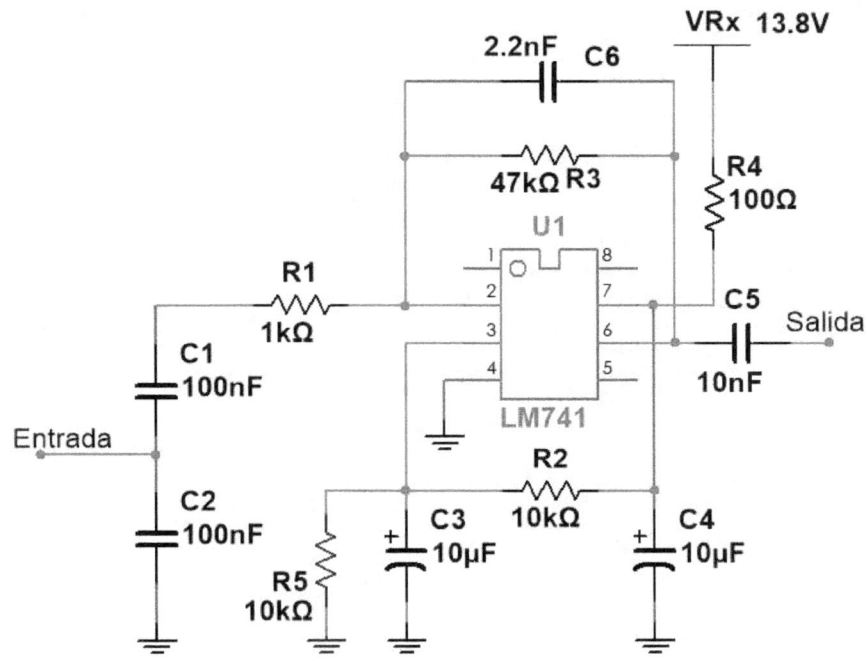

En la entrada conectamos la señal que proviene del mezclador SA602 que se usa para recepción, y la salida directamente a la siguiente etapa, el Amplificador.

Nótese que a la patilla 7 (Alimentación positiva) llega el terminal de la resistencia de 100Ω, la de 10KΩ, y la del condensador de 10uF. No hay contacto ni con C5, ni con los terminales de C6 y R3.

1 Ganancia   Gan. 8
2 Entrada -   Desv. 7
3 Entrada +   Vcc 6
4 GND   Salida 5

Pues para la siguiente etapa ya emplearemos un amplificador específico para audio, y lo haremos con otro integrado, el LM386, aunque realmente sigue siendo otro de esos Amplificadores Operacionales.

El circuito de conexionado que emplea el Kit MFT-40 es el siguiente.

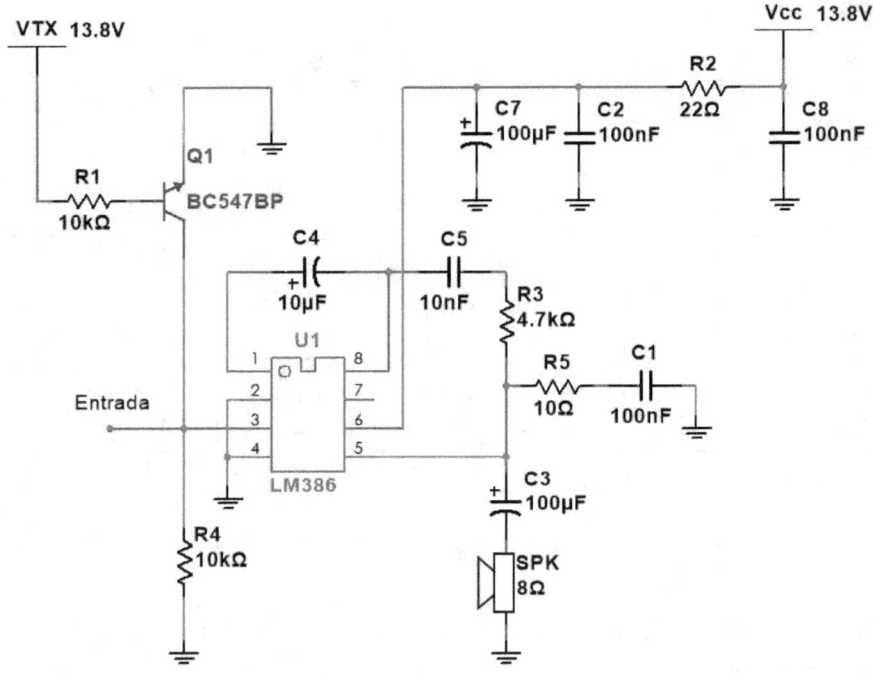

Vemos, que como en el caso anterior, hemos de fijarnos para comprobar que la alimentación que llega a la patilla 6 del LM386 desde el filtro compuesto por C7, C2, R2 y C8, no se cruza con la conexión ente C4 y C5.

Lo que sí que debemos de observar es el transistor Q1 de tipo BC547, ya que lo que nos hace es desviar la señal que llega por la entrada hacia masa cuando se le aplica una entrada en su base, que es precisamente la del relé cuando se pulsa el PTT ¿Recuerdas que teníamos dos tensiones (Transmisión y Recepción) a parte de la principal? (Hacemos esto mediante el efecto Corte-Saturación del transistor).

A la tensión que solamente tenemos en recepción la llamamos VRx, y a la que tenemos solamente en transmisión, pues VTx. Las dos siguen siendo la misma que la de alimentación, pero las hacemos pasar por un relé para separarlas.

Otra cosa curiosa que nos encontramos es que no dispone de mando para el volumen, algo muy normal en los amplificadores de audio. Y esto es precisamente porque no atenuamos el audio, sino que lo que hacemos justo antes del filtro paso banda de recepción, es controlar la señal de radio mediante un potenciómetro.

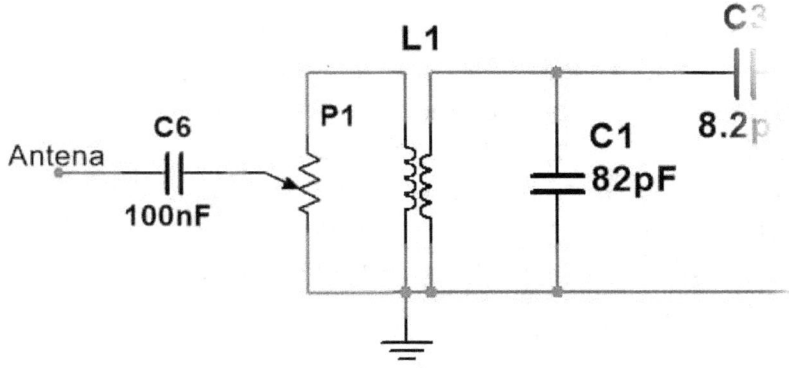

Amplificadores de Salida de RF

¡Claro! No solamente tendremos que amplificar el sonido, si queremos llegar a algún lado con nuestra señal de radio, hay que amplificarla desde que sale de alguno de los mezcladores.

Hace un montón de páginas os hablaba que el transistor se podía emplear como amplificador en emisor común... pues vamos a ver sus aplicaciones. Y para ello, necesitaremos de varios de ellos.

Lo que sí que he de decir antes de continuar, es que veremos el amplificador empleado por el Kit MFT-40, y este está dividido en tres etapas llamadas Pre-Operador, Operador y Amplificador de Salida, (*Pre-Driver, Driver y Output Amp*). Además, entre ellos, en vez de ir conectados tal cual, usaremos unos transformadores de RF montados sobre toroides para realizar los acoples o el KANK3334 que conocíamos de antes.

Vamos a ir viendo una por una las etapas de las que se compone este amplificador.

Etapa 1: Pre-Driver.

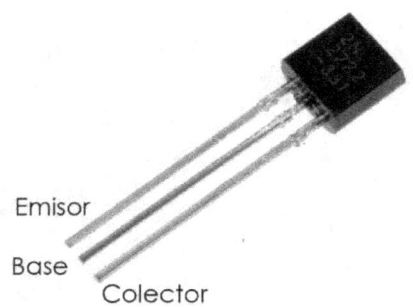

El transistor elegido para este diseño es el 2N2222A, uno de los más usados en electrónica general. Su encapsulado es el TO-92, también empleado por el BC547 o el integrado 78L08 que ya habíamos visto.

Respecto al circuito, la verdad es que es muy sencillo. El corazón es el 2N2222 junto con las resistencias y condensadores para alimentarlo.

Lo especial de este montaje es el transformador que se emplea para acoplar a la siguiente etapa, pues es el KANK3334 que ya habíamos visto en el montaje del filtro paso banda del mismo kit.

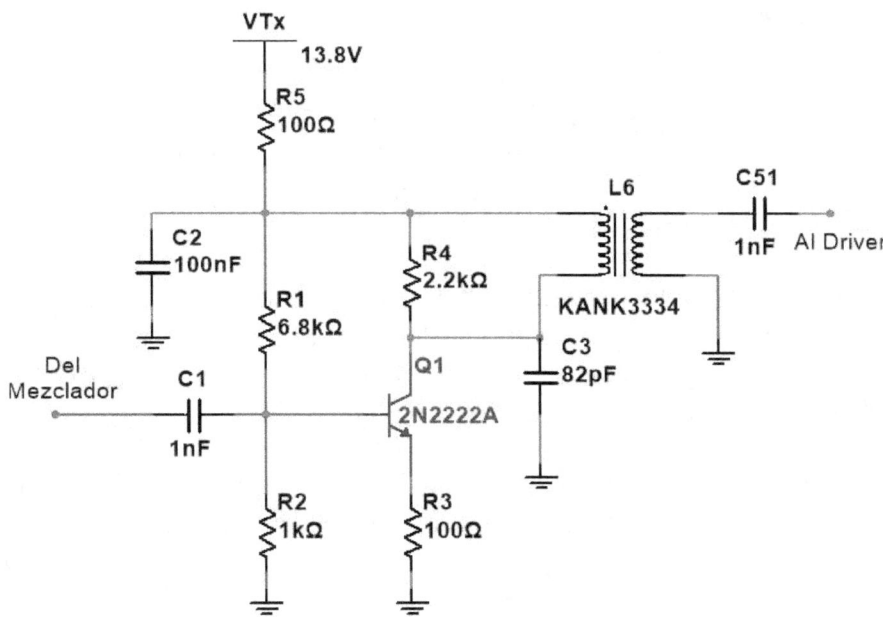

Vemos que desde el mezclador SA602 nos llega una señal con la portadora ya modulada que acoplaremos al amplificador mediante el condensador de 1 nanofaradio.

Este circuito se alimenta desde la tensión de transmisión, por lo que cuando esté recibiendo, el transistor quedará inutilizado.

Simplemente debemos de observar que la señal ya amplificada está siendo transformada por L6, que a su salida tiene el condensador C51 de 1nF para desacoplar de la siguiente etapa, el Driver.

Etapa 2: Driver

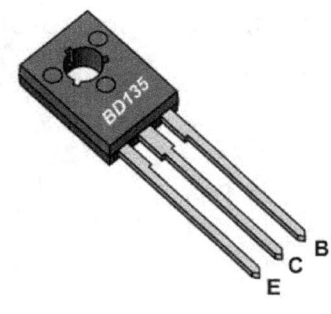

En esta parte del amplificador usaremos un nuevo transistor llamado BD135, siendo su encapsulado es el TO-126.

Como podemos apreciar en la fotografía, este no es un transistor semiredondo o de cáscara, sino que se trata de uno plano y con estructura plástica.

Para identificar las patillas deberemos fijarnos en que en una de sus caras tiene una pieza metálica. Pues bien, esta es su cara trasera. Además, el texto que indica BD135 estará por la cara delantera.

Una vez que lo hemos puesto frente a nosotros, las patillas, de izquierda a derecha son el emisor, el colector y la base.

Lo siguiente que deberemos de hacer es fabricarnos el transformador que irá a la salida del transistor para acoplar las impedancias entre las etapas.

Deberemos montarlo sobre un toroide de tipo FT37-43. Es de color negro y tiene unas dimensiones de 9,5mm de diámetro exterior, 4,75 de interior y 3,18 de altura.

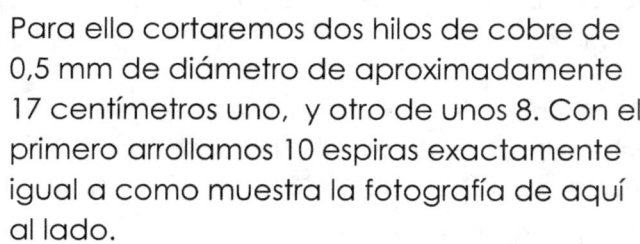

Para ello cortaremos dos hilos de cobre de 0,5 mm de diámetro de aproximadamente 17 centímetros uno, y otro de unos 8. Con el primero arrollamos 10 espiras exactamente igual a como muestra la fotografía de aquí al lado.

A continuación tomamos el hilo de 8

centímetros y arrollamos tres espiras en el otro lado del toroide, de tal manera que queden espaciadas entre las que ya estaban puestas y los dos terminales queden opuestos a los anteriores. Puede verse en la imagen de aquí debajo el resultado.

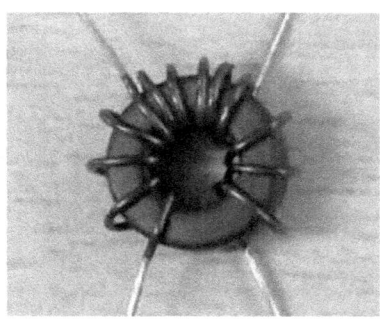 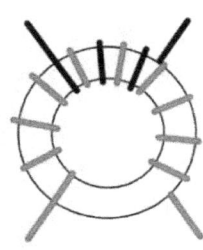

Limpiamos con un *cutter* o navaja las puntas de los terminales con cuidado, dejando aproximadamente unos 15 ó 20 milímetros del cobre a la vista para poder soldarlo.

Es muy importante que las espiras de los devanados (Bobinados) estén en el mismo orden, es decir, que empiecen y acaben tal como muestra la imagen.

En el circuito de esta etapa que vemos en la página siguiente, podemos observar cómo se alimenta el transistor a 8 voltios a través de un integrado 78L08, polarizando la base mediante las resistencias de 1KΩ y 100Ω por la parte positiva, y la de 470Ω por la parte de masa.

Hay que fijarse también en un detalle, pues el colector toma su alimentación a través del primario de L7 (Aunque en un primer momento parezca que lo hace desde la base).

El circuito de alimentación de 8 voltios, nos servirá también para polarizar el diodo 1N4001 a través de una resistencia de 1KΩ. A este diodo lo llamamos BIAS, que no es otra cosa que uno que empleamos para estabilizar la señal que llegará a la base del transistor de la siguiente etapa.

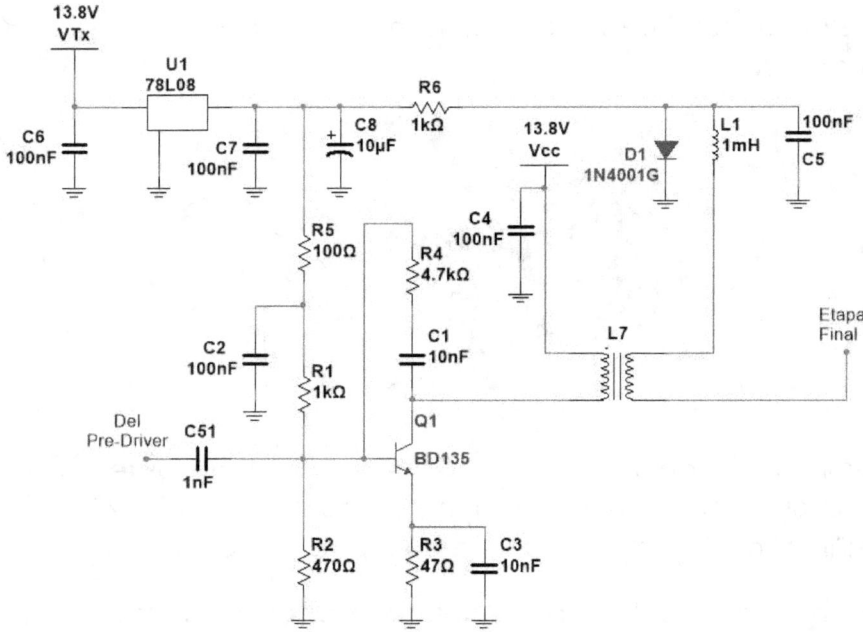

Realmente no deja de ser un amplificador en emisor común añadiéndole algunos componentes más, como por ejemplo los condensadores y el integrado de estabilización.

Ahora, y ya por último antes de llegar al filtro paso bajo, nos queda la etapa que proporcionará más potencia a nuestro transceptor.

Etapa 3: Output Amp

Para este circuito necesitaremos de un nuevo transistor: El 2SC2078.

Sigue siendo un NPN, pero viene encapsulado como el integrado 7812, en formato TO-220.

Para esta etapa necesitaremos volver a fabricarnos el transformador que servirá para adaptar las impedancias entre el transistor y el filtro paso bajo que llegará a la antena.

Para ello necesitaremos de otro toroide FT37-43 igual al empleado en la etapa anterior.

Esta vez tomaremos 32 centímetros de hilo de cobre de 0,5 mm de diámetro. Pero en vez de comenzar a enrollarlo tal cual, primero vamos a doblarlo por la mitad quedando una longitud aproximada de 16 centímetros.

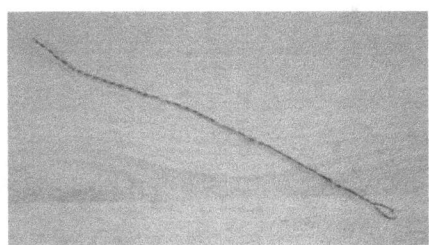

Ahora iremos retorciéndolo para que queden, más o menos, unas dos vueltas por cada centímetro... algo así como muestra la foto de aquí lado.

Con él ya *enrollao*, vamos a tomar el toroide y daremos 8 vueltas, de tal modo que dos terminales queden a un lado, y el punto en el que se unen al otro.

Separaremos con cuidado esta unión y la cortaremos para poder pelar los extremos con el cutter,

Debería de quedar algo así como las fotografías siguientes.

Una vez realizado el transformador, solamente nos queda ver el esquema de la etapa final de amplificación.

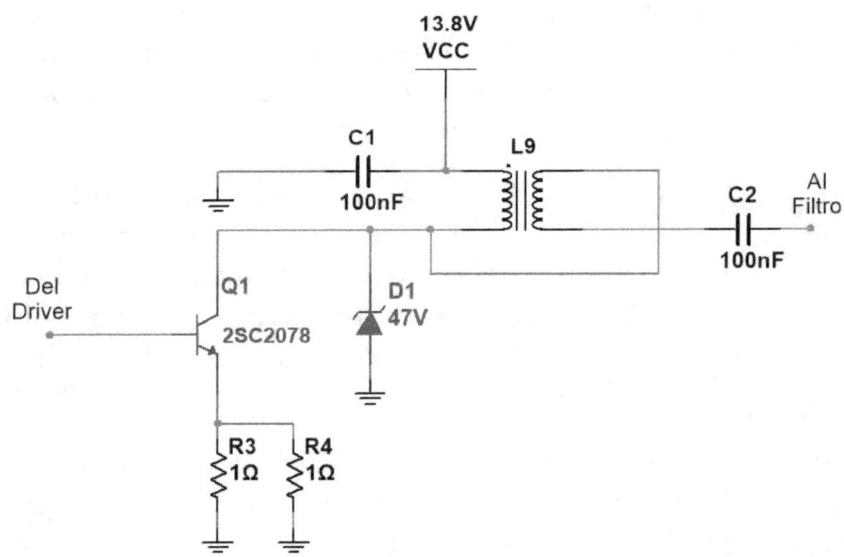

Existe un diodo Zener a la salida del colector. Es un BZX85C47 de 47 voltios. Sirve para eliminar cualquier pico en la señal indeseado.

Lo siguiente que veamos, será un toque especial...

Los DDS

Y los llamamos simplemente así... De-de-ese, ya que decir *Direct Digital Synthesizer*, ufff, se complica un poco.

Bueno, al grano. Resulta que hace unos años empezaron a usarse un tipo de dispositivos electrónicos llamados DDS sustituyendo a los VFO, ya que simplemente es un circuito integrado al que conectaremos un microcontrolador o microprocesador para indicarle la frecuencia a la que deseamos que funcione.

La verdad es que trajo muchas ventajas a los amantes del QRP, ya que simplemente con ese integrado, se pueden generar frecuencias desde prácticamente 0 hasta más allá de la HF.

El más conocido es el *AD9850*, ya que genera hasta 40 MHZ, lo suficiente para cubrir cualquier banda de radioaficionado hasta los 10M.

Normalmente nos lo encontramos incluido en una placa lista para soldar con varios componentes auxiliares para hacerla funcionar directamente con un microcontrolador tipo *PIC* o incluso con una placa *Arduino*.

Pero ya que usamos un microcontrolador para hacerlo funcionar, también podremos añadirle más dispositivos para hacer más atractivo su uso, como por ejemplo pantallas de cristal líquido, codificador rotatorio (Se suele llamar *Encoder*) o pulsadores para cambiar bandas, pasos...

Pero ojo, también hay disponibles kits para que solamente sea llegar, soldar y enchufar a nuestro QRP.

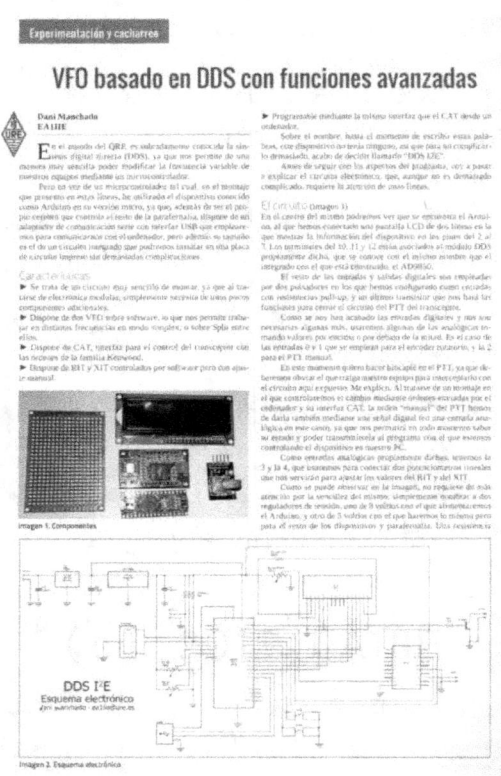

Precisamente, en la revista *Radioaficionados* de la URE del mes de febrero de 2016, el autor de este librejo, entonces EA1IIE, describió el funcionamiento completo de un VFO basado en DDS mediante la tecnología Arduino. Con él no solamente se controla el AD9850 o se muestra la frecuencia de funcionamiento en una pantalla, ya que incluso permite usar nuestro equipo QRP mediante el ordenador y el sistema CAT de los transceptores *Keenwood* o disponer de dos VFO.

Pero soltar este *tocho* aquí se escapa del objetivo. Simplemente si alguna vez os sentís con ganas de más, buscad la revista en la sección de descargas de la URE, y bueno, a armarse de paciencia.

Bueno, que nos vamos por otros lados. El sistema que se suele emplear para montar un VFO con DDS en nuestros equipos es el siguiente.

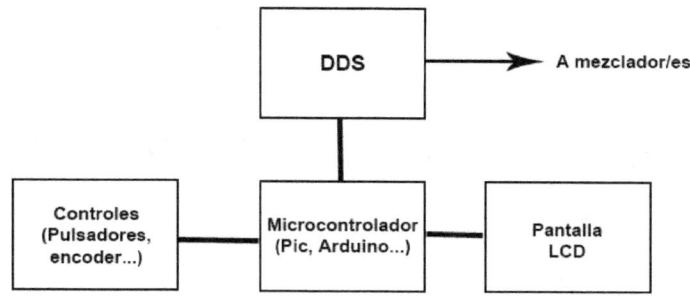

Pero ahora que lo pienso... no os he explicado qué es un *encoder* de esos...

Bien, pues no es más que un mando giratorio que gira en dos sentidos (Véase la ironía), pero dependiendo del sentido en el que lo hagamos, sus salidas serán diferentes.

Si lo hacemos hacia la derecha, la salida A se activará antes que la B, pero en sentido contrario, será al revés. Y lo hará mediante pulsos que leerá el microcontrolador. Vamos a verlo en una gráfica para que se entienda mejor...

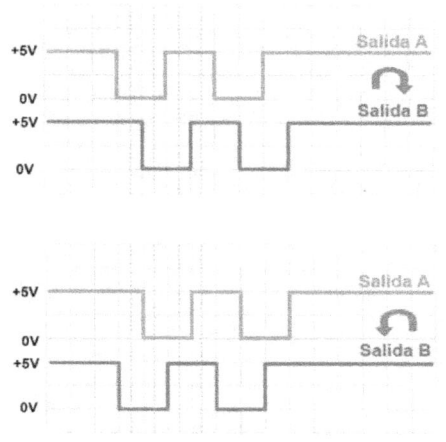

Todos estos saltos entre los 5 voltios y masa los interpreta el microcontrolador para saber en todo momento hacia qué lado está girando, y lógicamente, cuánto se gira.

Se escapa al manual, pero existe un kit para los ILER llamado ILERDDS que funciona para todas sus versiones. (40, 20 y 17 metros).

Simplemente sabed que existen y que se usan cada vez más.

CAPÍTULO 14

Nos hacemos antenistas

Vaya... no es que nos vayamos a dedicar a ello... ¿O quizás si?

Pero lo que sí que es muy interesante es conocer el funcionamiento de algunas de ellas, y quien sabe, quizás os animéis a montar alguna.

Vamos a ver el funcionamiento y montaje de sencillas antenas que podamos construir con poco dinero, o incluso, con materiales que encontremos por nuestro cuarto de radio.

Pero antes de continuar con la materia, quiero explicaros unas cosillas antes.

Longitud de Onda

Quizás esta sección debería de haber estado en el capítulo de la corriente alterna, pero al final no es otra cosa que medir frecuencia, en vez de en hercios, en metros.

Y lo hacemos así por una velocidad, la de la luz, ya que las ondas electromagnéticas de la radio viajan casi tan rápido como ella.

¿Sabéis cual es? Fácil, nos la enseñan en el colegio desde muy pequeños. La luz viaja a 300,000.000 metros cada segundo.

Pues la longitud de onda que representamos mediante la letra griega lambda (λ), se calcula dividiendo la frecuencia a esta velocidad.

$$\lambda = \frac{300000000 \ (m/s)}{Fz \ (Hz)}$$

¿Y para qué necesitamos conocer esto ahora? Pues para calcular el diseño de nuestras antenas. Ya que ellas serán de un tamaño dependiente de esta longitud.

¿Os habéis fijado que las bandas de radioaficionado suelen llamarse por metros? ¡Claro! Es la longitud de onda aproximada de su frecuencia.

Por ejemplo, vamos a ver qué longitud de onda tiene la frecuencia de 14.200 KHz

$$\lambda = \frac{300000000}{14200000} = 21,1267 \; metros$$

Que se parece bastante al nombre de la banda en la que se encuentra esta frecuencia, la de 20M.

Pues ya que sabemos esto, ahora podremos entender mejor el nombre de la primera antena que veamos:

El dipolo de media onda.

Dipolo de Media Onda

Y se llama así por la longitud que tiene físicamente, ya que será la mitad de la longitud de onda.

Lo primero que veamos será el esquema básico del dipolo (Simplemente lo llamamos así cuando es el de media onda).

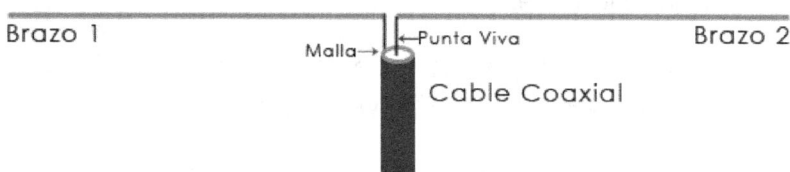

Vemos que básicamente es tomar un cable coaxial que salga de un transmisor o receptor y extender los dos cables que lo integran hacia los lados.

Lo siguiente que debemos saber es la longitud de esos cables. Y realmente es muy sencillo. Como se llama Dipolo de Media Onda, la longitud total debe de ser media longitud de onda, es decir, cada brazo deberá de medir un cuarto de ella.

Por ejemplo, para calcular el dipolo para la banda de 40 metros, buscaremos una frecuencia centrada. 7100 KHz está bien. Y calculamos la longitud de onda:

$$\lambda = \frac{300000000}{7100000} = 42{,}2535 \; metros$$

Pues según os expliqué, cada brazo mediría una cuarta parte de esa longitud, es decir, 42,2535 entre 4, que es 10,56 metros.

 ¡Pero! Hay que tener en cuenta una cosa, y es que esa velocidad de la luz es para el vacío. En otros sitios, como por ejemplo la atmósfera de la Tierra o el hilo de cobre, irá más lenta.

Entonces deberemos de corregirlo, y lo hacemos mediante una cosa que se llama *Factor de Velocidad* que cambiará entre un material y otro.

En el cobre, el material del que está hecho el cable que se emplea en la gran mayoría de brazos para dipolo, es 0,95. Es decir, la velocidad de las ondas en el cable de cobre es un 95% de la que iría en el vacío.

Por ello, a la longitud que antes teníamos, ahora deberemos de multiplicarla por el factor de velocidad.

10,56 x 0,95 = 10,032 metros por brazo.

Ya vamos ajustando cada vez más la antena dipolo.

Pero hay otro pero... y es que si colocamos la antena como muestra el dibujo, es decir, colocados sus brazos perfectamente alineados, la impedancia no serán los 50Ω que tienen el cable o la emisora.

La impedancia de un dipolo en ángulo de 180º (Así todo estirado), está en torno a los 75 ohmios. Para bajarla hasta los 50, o lo más próximo a ellos, deberemos de subir el centro respecto a las puntas de los brazos, es decir, el dipolo deberá tener forma de V invertida.

Conseguiremos hacer que tenga los 50Ω cuando el ángulo que formen los brazos esté entre los 90 y los 120º.

Pero sigue habiendo más peros... También depende de la altura a la que esté del suelo o del tejado, o incluso del tipo de suelo... Para corregir todo esto, simplemente deberemos de dejar la longitud de cada brazo un poquito más largo, por ejemplo, unos 20 centímetros.

Necesitaremos fabricarnos o comprar unos aisladores como los que muestra la siguiente imagen.

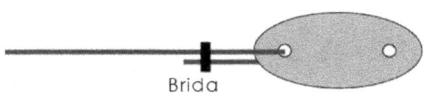

Por uno de los agujeros pasaremos el cable del brazo y daremos la vuelta. Desde que el brazo nace en el cable coaxial hasta que se dobla en el aislador, deberá de medir la longitud calculada, por ejemplo los 10,032 metros que habíamos visto.

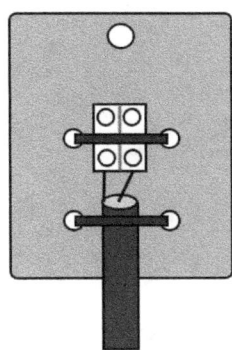

Con todo ello, podríamos montar un dipolo sencillo con unas regletas eléctricas, tal como muestra la imagen de la izquierda, ya que montado el cable coaxial en un trozo de aislante (Plástico por ejemplo), conectaríamos los dos hilos (La punta viva, la central, y la malla, la que rodea el cable) a la regleta y desde esta, conectar los brazos del dipolo.

¿Lo tenemos todo? Pues con cuerda para tensar los brazos, podremos salir al campo a probar nuestra nueva antena.

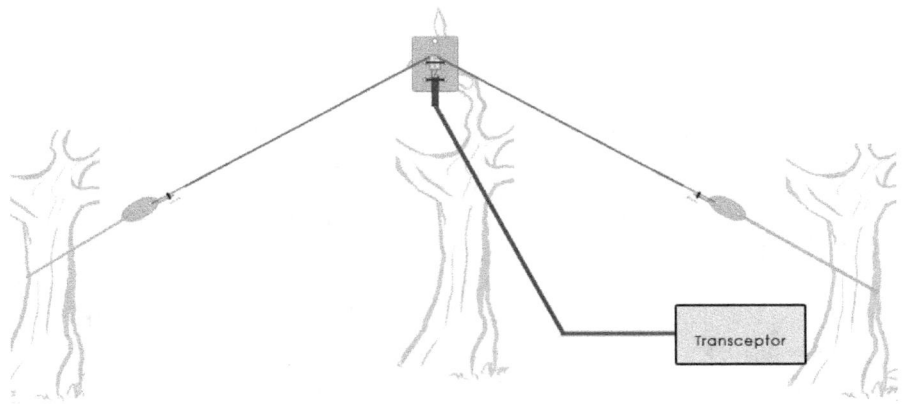

Pero hay más...

Relación de Ondas Estacionarias

¿Qué ocurre cuando la impedancia de la antena no es la misma que la del resto de los equipos?

Sucede un efecto interesante, y es que la longitud de la onda de la señal que enviamos a la antena se encontrará con que no cabe en el dipolo (O la antena que hayamos montado), ya que siempre será más grande (Aunque la longitud del dipolo sea mayor).

Para verlo mejor, observemos las siguientes imágenes.

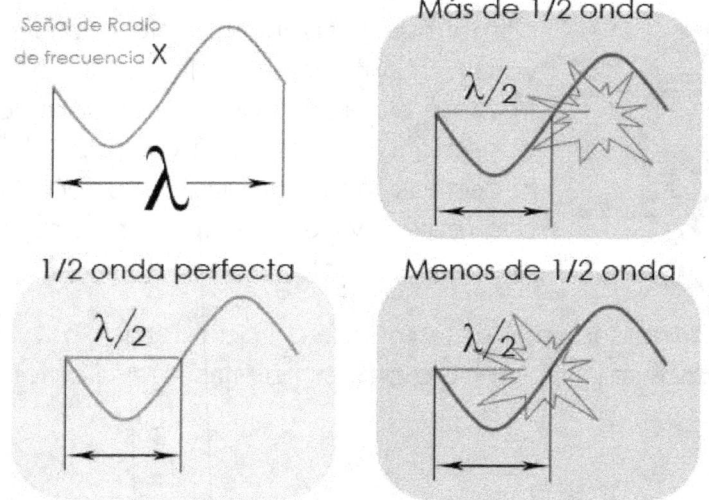

Tenemos una señal de frecuencia X y que su onda medirá λ metros. Pues bien, si la mitad de la señal de la radio coincide con la del dipolo (Recordad que era de media onda), todo va perfecto.

Pero en cambio, si la señal se encuentra con un dipolo más corto o más largo de la mitad de la longitud de onda, toda esa señal que sobre, *rebotará* desde la antena hacia el emisor de nuevo. A esta señal que salió *rebotada* de la antena la llamamos *Onda Estacionaria*.

¿Y qué ocurre cuando tenemos una de esas ondas? Pues varias cosas. Lo primero es que los transistores del amplificador final están preparados para tratar con señales que procedan desde dentro del emisor, no desde la antena, por lo tanto se producirán unas contracorrientes en ellos que harán que se calienten, e incluso que se quemen.

Lo otro, es que perderemos potencia de emisión, ya que la onda no sale completamente al aire.

Por lo tanto, tener esas ondas estacionarias en nuestra antena es muy peligroso, deberemos siempre de ajustar nuestra antena lo mejor que podamos.

Para medir las ondas estacionarias en las antenas, usamos un dato que se llama *Relación de Ondas Estacionarias*, abreviadamente ROE, pero que en muchos sitios la llaman por su nombre en inglés, SWR, *Standing Wave Ratio*.

Simplemente deberemos medir la potencia transmitida (Vamos a llamarla *Valor Incidente*, o Vi para acortar) y la potencia que refleja la antena, (Vamos a llamarla *Valor Reflejado*, o Vr) y relacionarlas mediante esta sencilla fórmula.

$$ROE = \frac{Vi + Vr}{Vi - Vr}$$

¡Pero no te preocupes! No hace falta calcular nada de nada. Deberemos de comprar o pedir a alguien un medidor de ROE, o también como solemos llamarlo, *Roímetro*. (Aunque realmente se dice *Ratímetro*).

Este aparato nos dirá el valor de la ROE de nuestra antena a la frecuencia que esté transmitiendo nuestra emisora.

 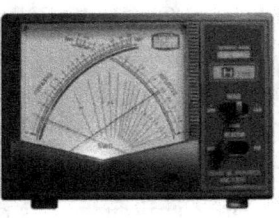 

Los hay de muchos tipos, pero los más normales los tenemos aquí encima. El primero es el más básico, pues primero mediremos el Valor Incidente, y después el de ROE.

El segundo dispone de dos agujas, una mide el Vi y la otra el Vr, y en donde se crucen podremos leer el valor de la ROE.

El último es el más sencillo de emplear, ya que directamente en la pantalla leeremos el valor de la ROE.

No obstante leeros el manual de vuestro medidor de estacionarias, ya que cada uno funcionará de una manera diferente.

El caso, la ROE siempre deberá ser lo más próxima a 1 posible, ya que eso indica que no hay Vr en nuestra instalación. Pero va a ser muy difícil conseguirlo, por eso los fabricantes de equipos siempre suelen decir que las emisoras soportan un valor máximo de 2,5 de ROE.

- ¿Y cómo ajustamos la antena para bajar la ROE si la tenemos alta?

Os respondo con otra pregunta ¿Os acordáis que os había dicho que a los brazos del dipolo se les dejaba un poco más de lo calculado?

Vamos a seguir un sencillo proceso.

1) Medimos los brazos del dipolo para la medida calculada, por ejemplo, los 10,03 metros de antes.
2) Medimos la ROE. Pueden pasar dos cosas: Que esté alta o que esté perfectamente ajustada (Por ejemplo, por debajo de 1,2)
   Si está ajustada, no toquéis nada más y olvidaos del resto del proceso. Por el contrario, alargaremos los dos brazos por igual unos pocos centímetros.
3) Volvemos a medir la ROE. Ahora pueden pasar tres cosas:
   Que esté ajustada y ya no haremos más.
   Que la ROE esté más alta que antes y entonces en vez de alargar acortaremos los dos brazos por igual.
   Que esté más baja pero que veamos que podemos bajarla más, y lo que haremos será alargar un poquito más los dos brazos por igual.

Y repetiremos el punto 3 hasta que tengamos una buena ROE, es decir, al menos por debajo de 1,5.

¿Está ya ajustada? ¡Perfecto! Es la hora de explicaros otra cosa, ya que a veces algo de radiofrecuencia aparece en la malla de nuestro cable coaxial, y lógicamente, no debería de estar ahí.

Esa RF se genera por una serie de diferencias entre tensiones en los equipos, la antena, e incluso la alimentación. Y claro, cuando aparece, la malla del cable coaxial de la antena que debería de estar libre de cualquier radiación, porta esa señal indeseada haciendo que nuestra emisión sea transmitida también por el cable... Y si se transmite por el cable coaxial, significa también que la tendremos dentro de nuestro cuarto de radio azotando nuestro ordenador o televisión con fuertes señales de radio (En las pantallas aparecen rayas, y muchas veces los ordenadores se cuelgan por la RF).

Esto lo evitamos con un Balun.

El Balun 1:1

¿Recordáis los toroides? ¡Pues vamos a volver a usarlos!

Pero antes quiero comentaros otra cosa. Y es saber lo que es eso de un Balun.

No es otra cosa que un transformador, pero en vez de aumentar o disminuir las tensiones, lo que nos hace es adaptar impedancias.

Cuando pone eso de que es 1:1, significa que la impedancia en la entrada es la misma que a la salida, por lo tanto, si nuestro transmisor es de 50Ω y lo conectamos al balun, a la salida tendríamos también una impedancia de 50 Ω.

Otra cosa sería que pusiera que es un balun 1:4, ya que entonces a la salida, en vez de 50, tendríamos 200 Ω, es decir, cuatro veces más que a la entrada (O al revés si lo conectamos al secundario, tendríamos 4 veces menos, es decir, 12,5 Ω).

El caso, para fabricarnos un balun 1:1 necesitamos el siguiente material:

- Una caja de conexiones eléctricas.
- Dos conectores hembra de banana.
- Tres cables de diferente color (O al menos, saber en todo momento cual es cada uno de ellos).
- Un conector SO239 de antena hembra de panel.
- Una alcayata cerrada de rosca y sus tornillos.
- Un toroide de los siguientes: T106-2, T130-2, T157-2, T200-2 ó T400-2.

Os pongo varios modelos de toroide para que elijáis uno, el que mejor os venga para vuestra instalación dependiendo de la potencia con la que transmita vuestra estación.

Toroide	Potencia
T106-2	100W
T130-2	150W
T157-2	250W
T200-2	400W
T400-2	1000W

Ahora bien, deberemos de tomar los tres cables y colocarlos en paralelo, que queden con forma de cinta. Podremos usar trocitos de cinta aislante o cello para que queden unidos y no se nos deshaga el invento.

Una vez hecho esto, arrollaremos las siguientes vueltas en el toroide dependiendo del tipo que sean:

- Si el toroide es T106-2 ó T157-2, pues 16 vueltas.
- Si el toroide es T30-2, pues 18 vueltas.
- Si el toroide es T200-2, pues 17 vueltas.
- Si el toroide es T400-2, pues 14 vueltas.

¡Ah! Se me olvidaba de que necesitas un soldador y estaño. Podéis ir enchufándolo mientras os sigo explicando.

Pues ahora vamos a ir fijándonos en el esquema de la página siguiente. Vemos los tres hilos arrollados en el toroide y que son en el ejemplo de color negro, rojo y blanco.

Hemos de fijarnos que el rojo del extremo inferior va unido al blanco del extremo superior, y que juntos forman parte del Brazo 1.

Lo mismo ocurre con el negro inferior y el rojo superior, ya que se unen y van juntos a la masa del conector SO239.

Solamente el blanco inferior se suelda a la punta viva del conector de antena, y el negro superior va al otro brazo, el 2.

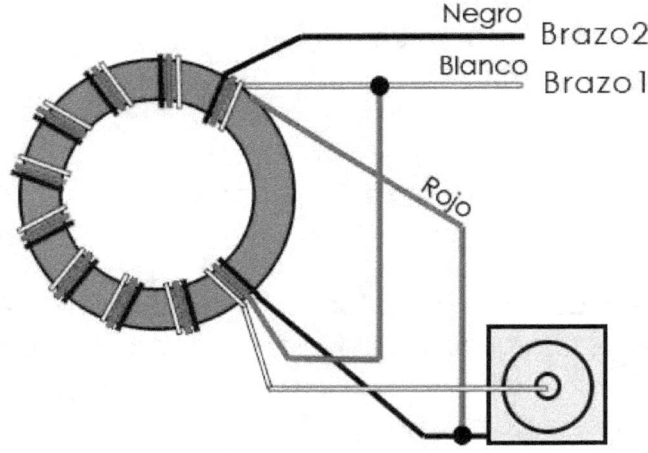

Pues ahora solamente nos queda meterlo todo en la caja de conexiones eléctricas, hacer los agujeros para el SO239 y

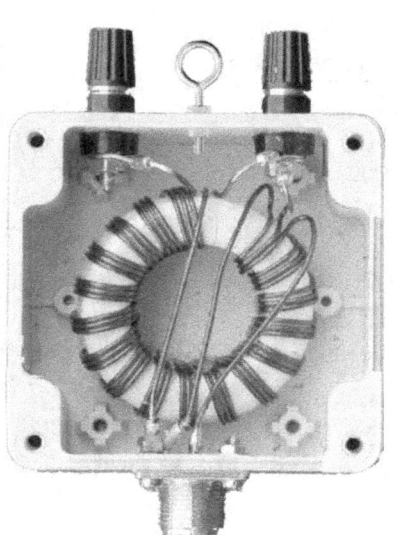

para las bananas hembras de panel, ya que en ellas soldaremos los hilos que indica el esquema como brazo 1 y brazo 2. Es verdad, y otro agujero para montar la alcayata que nos servirá para atar una cuerda y subir el balun a un mástil o sitio elevado (Un árbol, por ejemplo).

El resultado bien puede ser este de la imagen de al lado.

Y con el balun y los brazos cortados, podremos ajustar, ahora sí, nuestra antena ya terminada con el medidor de ROE.

Acopladores de Antena

Otra parte de la antena, aunque la mayoría de las veces la tengamos en el cuarto de radio, es lo que llamamos *Acoplador de Antena*.

Podemos entender este aparato como uno que nos alarga o acorta la antena para ajustarla a la longitud de onda (Realmente modifica la impedancia).

Y lógicamente, si conseguimos hacer que todas las impedancias y longitudes coincidan, tendremos una ROE perfecta, o bueno, casi.

Existen de muchos tipos. Los hay manuales y automáticos, también que integran medidor de ROE o no... cada uno es un mundo, la verdad.

Pero nosotros vamos a fabricarnos uno para equipos de poca potencia (Ojo, algunos autores hablan de que este que vamos a ver llega a soportar hasta 100W, pero yo no transmitiría con más 15 ó 20). Y además, que dispone de un simple medidor de estacionarias mediante un LED. Para ello necesitaremos el siguiente material,

- Caja para montar dentro el circuito.
- 2 condensadores variables (Manuales) de 200pF (Los puedes sacar de viejos receptores de AM)
- 1 toroide FT37-47.
- 1 toroide T106-2.
- 2 conectores SO239 hembra de panel.
- 1 conmutador rotativo de 12 posiciones.
- 1 conmutador de palanca de dos contactos.
- 3 resistencias de 51Ω y 2W. (Verde-Marrón-Negro)
- 1 resistencia de 1KΩ 1/4W. (Marrón-Negro-Rojo)
- 1 condensador cerámico de 100nF (Escrito 104).
- 1 Diodo 1N60 (Es de germanio).

- 1 LED rojo.
- Hilo de cobre esmaltado de 0.5 mm de diámetro.
- Algo de cable.
- Mandos para los condensadores y el conmutador.
- Soldador, estaño...

Pues vamos a ver el esquema del acoplador.

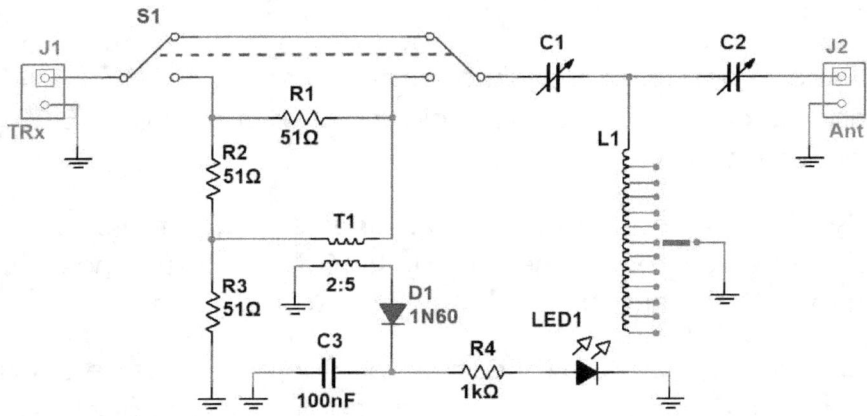

Realmente no tiene ningún secreto. Lo único que no habíamos visto hasta ahora es el conmutador doble.

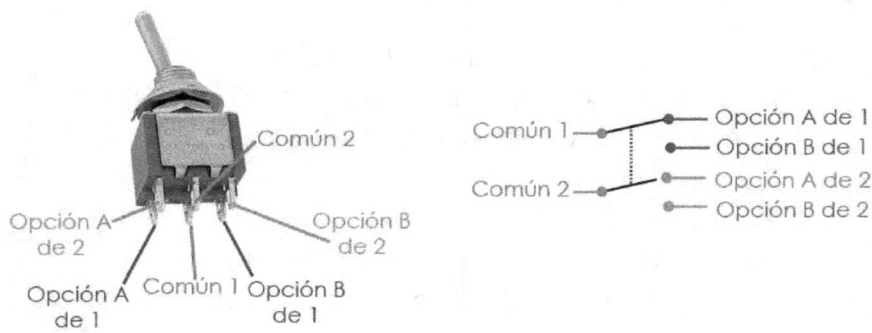

Se trata de una palanca que acciona dos conmutadores a la vez, llamados 1 y 2. Cada uno tiene su común y sus dos salidas, y como están accionados en el mismo movimiento, cuando la salida del 1 está en A, la del 2 también lo estará.

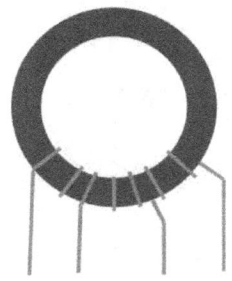

EL transformador T1 es muy sencillo de fabricar. Necesitamos el toroide FT37-47 que es de color negro, y sobre él simplemente deberemos de arrollar 5 espiras como secundario y 2 como primario, quedando este con una forma parecida a la mostrada.

La configuración de las resistencias R1, R2 y R3 es una que llamamos *Puente de Wien*, y busca descompensaciones entre las cuatro resistencias que lo componen, que en este caso son 3 y la antena la otra (Una impedancia realmente).

Cuando existe mucha descompensación, la tensión en T1 se eleva y llega a producir la suficiente energía como para poder iluminar el LED rojo.

Por otro lado, se ha elegido un diodo de germanio por que la tensión a la que comienza a conducir es menor que la de uno de silicio. En este caso es de 0,3 voltios.

Ahora viene, quizás, lo que puede resultarnos más complicado... pero tampoco mucho. La bobina L1.

Vamos a arrollar en la totalidad del toroide T106-2 36 espiras. Pero vamos a limpiar el esmalte en las siguientes comenzando desde la 1.

- En la 10, 12, 15, 17, 20, 23, 25, 29, 31, 33, 35, y 36 (Que no sería una espira, es el final de la bobina).

Ya que soldaremos directamente las salidas del conmutador de 12 posiciones sobre la bobina. Nos debería quedar una cosa como la imagen de la página siguiente.

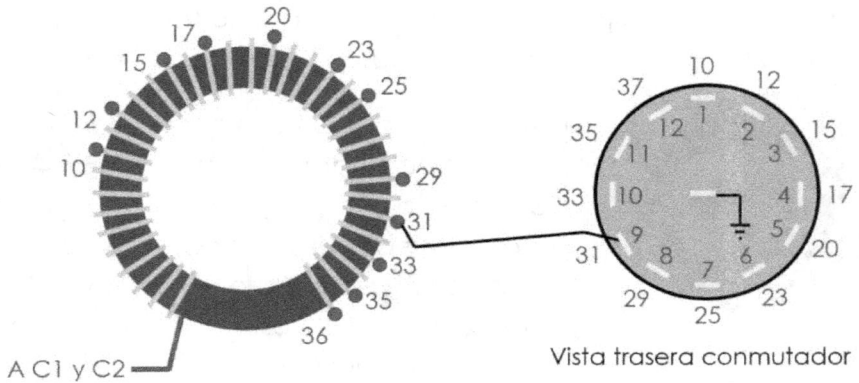

A C1 y C2

Vista trasera conmutador

Uniremos por orden las conexiones de la bobina a los terminales del conmutador, de tal manera que al número 1 vaya la espira número 10, al 2 la espira 12, y así sucesivamente.

Una vez montado todo, debería de quedar algo así.

La bobina queda sujeta directamente al conmutador, ya que con 12 ó 13 hilos rígidos que los unen, bastan.

Por otro lado, ya que se me había olvidado comentaros, es que el conmutador lo empleamos como medidor de estacionarias. Cuando está activo (Unido al puente de resistencias), en el momento que la señal reflejada aumente con la suficiente fuerza como para encender el LED, indicará que el nivel de ROE es alto, próximo a 2,5 ó 3.

Y ya para finalizar, quiero comentaros una pequeña *trampa*... ya que este circuito es un kit que venden las tiendas online del lejano oriente por poco más de diez euros. El resultado final es algo así:

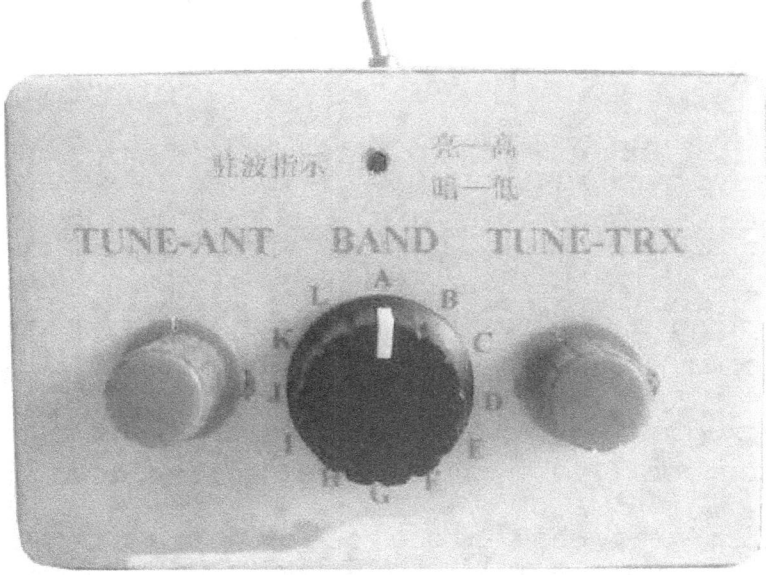

Pero viendo esto... ¿No te parecen fáciles de conseguir los materiales y construirlo?

Pero vamos a seguir conociendo más antenas...

Antena Carlina Windom

O simplemente *Windom*, pero el nombre completo es Carolina Windom.

Al final es lo mismo que un dipolo de media onda, con la única diferencia que en vez de tener su alimentación en el centro (De donde parten los brazos), la tiene desviada hasta el punto en el que su impedancia es de 200Ω.

¿Pero no habíamos quedado en que la antena ha de tener 50 Ω de impedancia? ¿Qué si se ponía otra podíamos quemar nuestros equipos?

Pues es cierto, pero para eso tenemos a nuestros amigos los balun, ya que si colocamos uno con relación 4:1, conseguimos adaptar esos 200 Ω a los 50 Ω requeridos por los equipos.

Pero vamos a dejarlo para el final. Ahora lo que nos interesa es localizar el punto en el que la impedancia es 200 Ω.

Otra pregunta ¿Para qué queremos una antena así, descentrada? Si ya teníamos un dipolo que funcionaba...

Cierto, pero hay una cosa que hace especial a esta antena, y es que si la diseñamos para, por ejemplo, la banda de 80M, tendremos también 200 Ω de impedancia en las bandas que sean mitades de la original, es decir, en la de 40M que es su mitad, en la de 20M que es la mitad de la de 40, y en la 10M que es la mitad de la de 20.

Pero no conformes con esto, resulta que ¡también resuena en la 6 y 2M! A esto algunos lo llaman *magia*, pero creedme, es simplemente física.

Es decir, tendremos una antena *Multibanda* a partir de un dipolo.

El caso... que me vuelvo a liar con otros asuntos y no escribo lo que tenía pensado.

Para saber el punto en el que tendremos 200W de impedancia, deberemos de cortar la media onda al 37,8% del inicio. Es decir, tendríamos dos brazos, uno mediría el 37,8% de la longitud de la media onda, y otro el 62,2% restante.

Vamos a verlo con el ejemplo de la banda de 80M. Y lo primero será calcular la longitud de onda para la mitad de la banda:

$$l = \frac{300000000}{3650000} = 82,19 \; metros$$

Esta longitud la dividimos entre dos para que sea media onda, y nos da un resultado de 41,09 metros.

Pero recordad que no viaja al 100% de la velocidad de la luz, tendremos que aplicar el factor de velocidad, el 0.95 ese, dándonos un resultado de 39.04 metros.

Pues nada, ahora simplemente deberemos de calcular el punto de corte, que será, recordemos, al 37,8%.

$$Punto = \frac{39,04 \times 37,8}{100} = 14,76 \; metros$$

Así pues, el otro brazo medirá exactamente la diferencia del total menos este nuevo dato.

$$Brazo \; Largo = 39,03 - 14,76 = 24,27 \; metros$$

¡Ya tenemos las longitudes de los brazos! ¡No! ¡Aún tenemos que añadir un poco más para ajustarla!

Cachis, es verdad, vamos a añadirle 20 centímetros más...

Por lo tanto, ya por fin, los brazos medirían:

- Corto: 14,96 metros
- Largo: 24,47 metros

Quien dice estas medidas, bien puede redondear a 15 metros uno y 24,5 otro... como al final tendremos que ajustar...

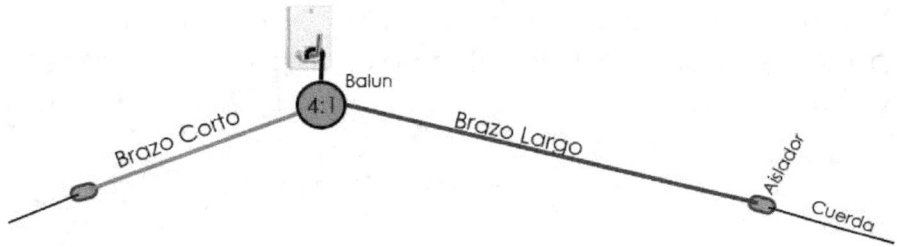

Y ahora solamente nos queda saber cómo se fabrica uno de esos balun 4:1, que aunque se parecen, no es igual al 1:1.

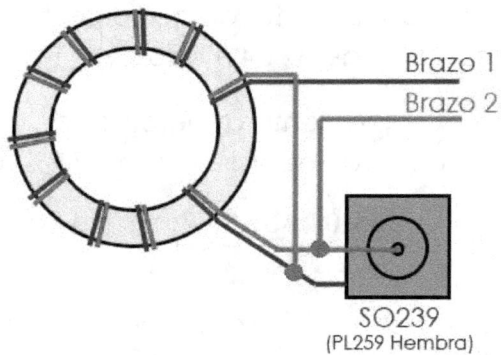

Es hasta más sencillo, la verdad. Simplemente necesitamos arrollar dos hilos en un toroide que ahora veremos, y realizar las conexiones que se indican.

Como el anterior, este también puede montarse dentro de una caja de conexiones eléctricas y así poder emplearlo a la intemperie.

Los toroides que se recomiendan son los siguientes, con su potencia admitida y las espiras necesarias.

Toroide	Espiras	Potencia
T80-2	25	60W
T106-2	16	100W
T130-2	18	150W
T157-2	16	250W
T200-2	17	400W
T400-2	14	1000W

Ahora, y antes de finalizar esta sección, os dejo una tabla con las medidas para tres antenas Windom.

Bandas	Brazo Largo	Brazo Corto
80, 40, 20 y 10	14,96 m	24,47 m
40, 20 y 10	7,78 m	12,49 m
30 y 15	9,98 m	16,41 m

Otra cosa que no os había comentado es que podremos poner, no solamente a esta Windom, sino también a un dipolo normal, lo que llamamos Bigotes de Gato, un (o unos) nuevo par de brazos para otra banda. En principio, la señal que enviemos a la antena tomará el juego de brazos que mejor resuene (En la escuela recuerdo que decían que la electricidad siempre toma el camino más fácil).

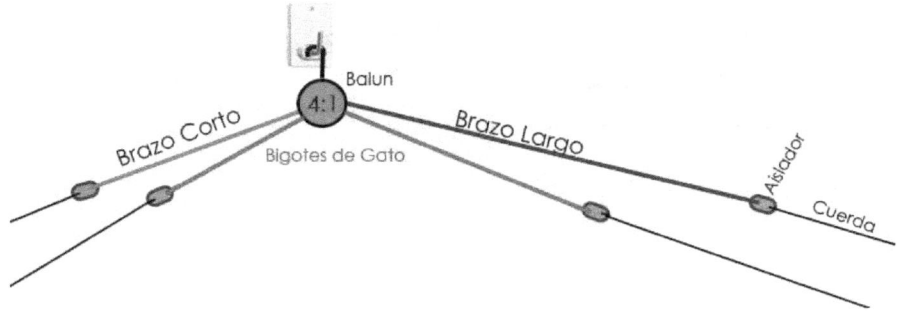

Antena de Hilo Largo

O Zeppelin, o *End Feed*... Se le puede llamar de muchas maneras, y todas ellas, hablarán de esta.

¿Qué pasaría si en un dipolo en vez de cortarlo al 37,8% o en el centro, directamente no lo hacemos?

Pues que la impedancia se nos dispararía... y más exactamente a 450Ω cuando esté en resonancia (Que coincidan la longitud de onda con la de la antena).

¿Adaptamos la impedancia de esta antena a nuestros equipos? Claro, y lo haremos dividiendo por 9, es decir, con un balun 9:1.

Pero no es del todo correcto, ya que lo que veremos aquí no es un balun... (Que es un acrónimo de *Balanced-Unbalanced*) ya que a la entrada de un balun tendremos una señal *Balanceada*, es decir, de medidas (Tanto físicas como eléctricas) iguales, y a la salida *Desbalanceada*, es decir, con diferentes medidas en los brazos o en las condiciones eléctricas.

En cambio, para la antena actual, lo que necesitamos es un *Unun (Unbalanced-Unbalanced)*, es decir, no balancea (No iguala) los brazos... Y es por una sencilla razón, ya que solamente tendremos uno de los brazos.

Pues manos a la obra. Necesitaremos lo de siempre... Un toroide, hilos y cables, conector SO239... ¿Lo tienes ya preparado? Pues vamos con el esquema.

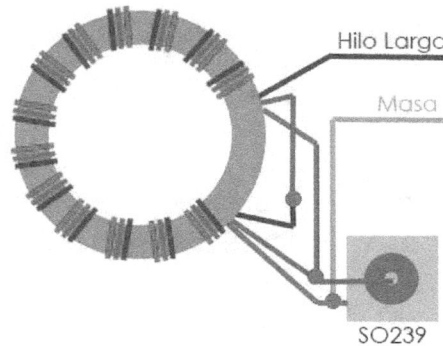

Para este unun se ha elegido un toroide fijo, el T200-2, que nos permitirá transmitir hasta con 400W. Las espiras necesarias son 9.

Otra cosa interesante sobre esta antena es que aumentaremos la eficacia si la masa del conector de la antena la unimos a alguna tierra cercana, por ejemplo una pica clavada en el suelo, o incluso un radiador de casa. Pero tened en cuenta que habría que conectarlo en alguna zona en la que no hubiera pintura (Que nos aislaría), como por ejemplo la tubería que entra en él.

Ahora nos encontramos con un pequeño asunto sobre la longitud del cable, pues aunque sea de media onda, no siempre funcionará mejor con este tamaño. Es más, solamente funcionará en el caso de ser la frecuencia para la que se calculó.

Por ello hay que echar mano a la *Ciencia Empírica*… quiero decir, a probar, probar, y seguir probando. Ya que esta antena se comporta de maneras muy diferentes según su altura, el paralelismo del hilo respecto al suelo… tengo miedo que le afecte hasta una mariposa batiendo las alas en Pekín…

Pero además, aprovechándonos de que tenemos 450 Ω por ahí, podremos buscar puntos de coincidencia con otras bandas, y que así se nos acerque en todas ellas a los 50 Ω que nos gustan.

Yo soy un poco *vaguete*, por eso al final en mis montajes me fío mucho más de lo que leo que de lo que hago. Entonces ya hace muchos años busqué la longitud ideal para esta antena, y ciertamente, encontré estas dos, y en ambos casos, la antena funciona muy bien: 13,4 metros y 26,8 metros.

La primera nos servirá para trabajar en las bandas de 40M y superiores, y la segunda, de 80M en adelante.

Así que con todo esto aprendido, pues podremos sacar el hilo largo por una ventana de casa, atarlo a un árbol, y comenzar a usar nuestros equipos.

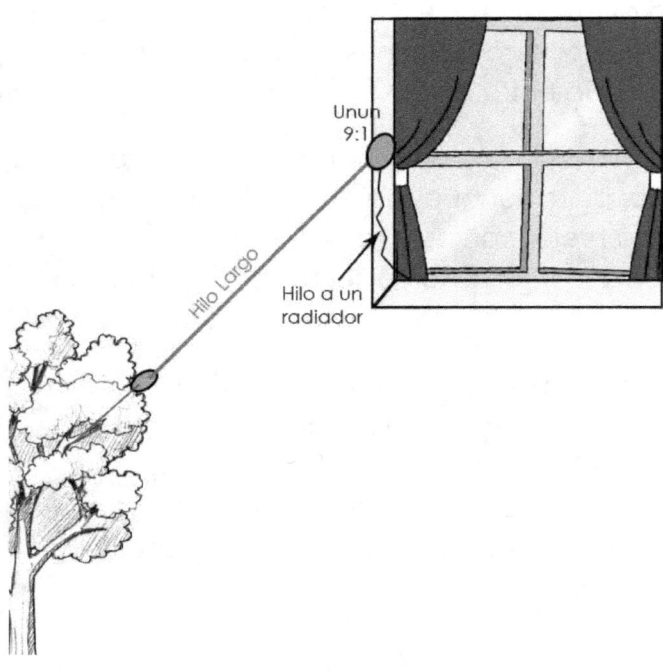

Antena Yagi-Uda

Aunque parezca que su nombre es salido de una kata de Kung-fu, no es así. Es el nombre de sus inventores, Shintaro Uda e Hidetsugu Yagi, que por cierto, eran japoneses.

Se trata de un dipolo de media onda, simplemente eso, lo único que hacemos es añadirle unos elementos más para hacerla más directiva... Es decir, que transmita y reciba lo máximo posible en una sola dirección.

Os voy a explicar una cosa nueva que se llama *Lóbulo de Radiación*, y no es más que una especie de imagen que nos da una idea de hacia dónde emite nuestra antena mejor.

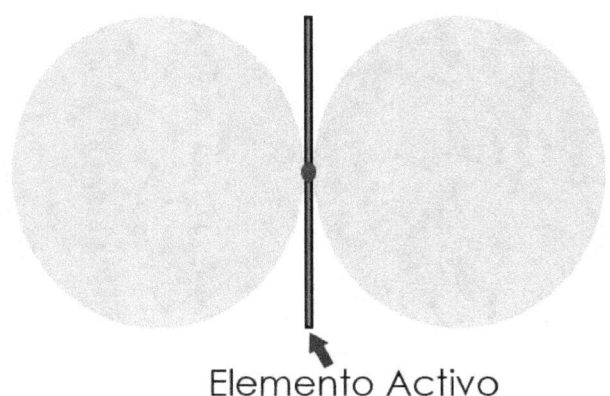
Elemento Activo

Esto es lo que representa uno de esos lóbulos, que en este caso es un dipolo de media onda. Se trata de una vista desde arriba (Como si estuviéramos flotando por encima de la antena) y nos imagináramos la dirección que toman las ondas de radio cuando salen de ella.

Podemos ver que las ondas parten en dos direcciones, hacia la derecha y hacia la izquierda, pero en cambio, hacia arriba y hacia abajo, nada de nada o muy poco (La radiación la representamos mediante círculos).

A la antena en sí, la llamamos *Elemento Activo*, ya que es el que está emitiendo la radiación.

Por cierto, a un dipolo lo llamamos antena *Bidireccional* por eso, porque emite en dos direcciones, las perpendiculares a su longitud.

¿Pero qué pasaría si incluimos otro elemento a la antena? Sería uno de los que llamamos *Pasivos*, y lo que haría sería hacer *rebotar* la señal de uno de los lados hacia el otro.

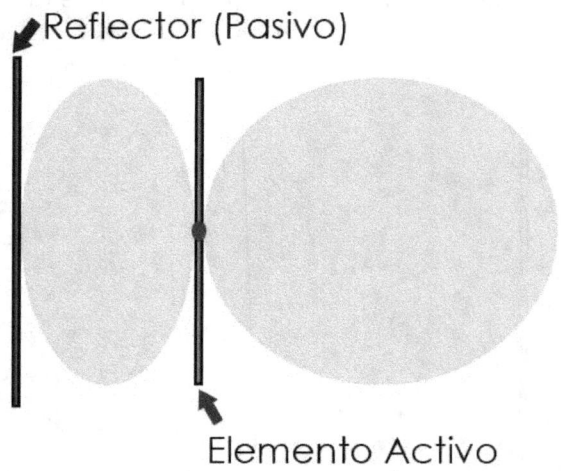

Como lo que hace es reflejar la señal, lo llamamos Reflector.

En esta última imagen vemos que el lóbulo de la izquierda (El círculo que nos dice la intensidad de la señal) es más estrecho, pero en cambio, el de la derecha, se ensancha más.

¿Qué nos quiere decir esto? Pues que ahora la señal emitida por la antena es más directiva, es decir, transmite mucho mejor hacia la derecha que hacia cualquier otro lado.

¡Ojo! No solamente transmite, también recibirá mucho mejor desde la misma dirección.

Otra cosa a tener en cuenta es que no puede estar a cualquier distancia el reflector, y tampoco medir lo que nos de la gana... debe de estar, más o menos, a un 15% de la longitud de onda. Es decir, si midiera un metro (La onda, no el dipolo), debería de estar a 15 centímetros. Además, deberá de medir como un 5% más que el elemento activo.

¿Podemos añadir más elementos pasivos? ¡Claro! Y los llamaremos *Directores*.

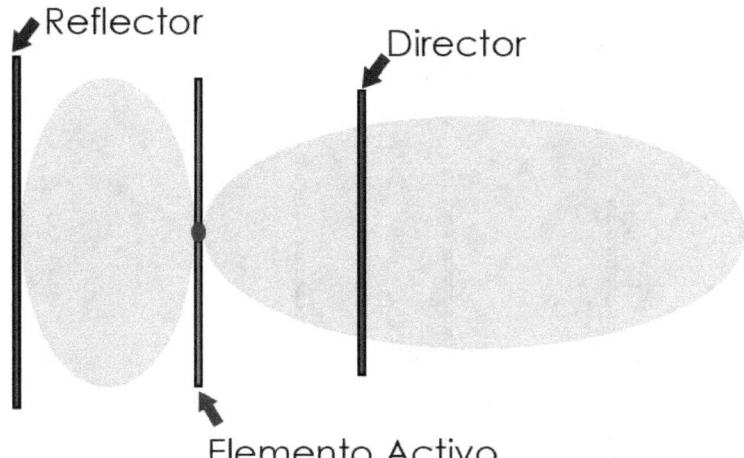

En la imagen solamente tenemos uno de ellos, y si observamos los cambios con la anterior, ahora el lóbulo de la derecha es más alargado, es decir, hemos perdido potencia de emisión hacia arriba y abajo, pero la hemos ganado hacia adelante.

El primer director suele colocarse a una distancia aproximada de un 11% de la longitud de onda, y medirá más o menos, un 5% menos que el elemento activo.

Ahora bien, podremos ir aumentando la cantidad de directores para que cada vez que uno nuevo se una, consigamos mucha más direccionalidad (Transmitir y recibir en una dirección mejor que en el resto).

Pero tened en cuenta una cosa... y es que los elementos de una antena Yagi han de estar alineados en todo momento, luego fabricarnos una de estas con hilo de cobre sería dificilísimo. Por ello se suelen emplear para bandas con las frecuencias más altas, como 10 ó 12 metros en la HF, o 6 ó 2 metros en VHF, empleando barras rígidas que normalmente son de aluminio.

Ahora que ya conocemos cómo funciona nuestra antena Yagi-Uda, es el momento de ver un caso práctico.

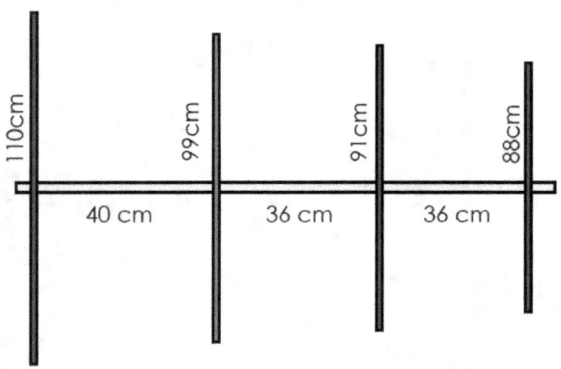

Aquí tenemos la típica antena Yagi (Para acortar) para la banda de 2 metros y que tiene 4 elementos (1 reflector, 1 activo y 2 directores) que están montados sobre un soporte llamado *Boom*.

El reflector ha de medir 110 cm, el activo 99, el primer director 91 y el segundo 88. Además, separados y por orden serían 40 cm, 36 y 36.

Una cosa que os voy a comentar es que el elemento activo no es un dipolo con sus dos brazos, realmente es un trozo de aluminio rígido sobre el boom, pero que conectaremos a la punta viva del cable coaxial mediante un condensador que llamamos *Gamma Match*.

Este condensador se fabrica, no es de los que compramos, ya que veremos ahora que se trata de un invento para ajustar la ROE (La impedancia realmente).

Para ello necesitaremos un trozo de cable coaxial del ancho (RG-58) de unos 20 centímetros al que quitaremos el plástico que lo rodea y la malla, es decir, nos quedaremos nada más con el hilo de la punta viva y el plástico (Que suele ser blanco) que lo rodea.

Necesitaremos además unas abrazaderas metálicas, una pletina en "L", un trozo de tubo de cobre de fontanería de ½ pulgada de 20 centímetros (O tubo de aluminio), un conector SO239 y aislantes plásticos de tubo (Hay tiendas en internet que se dedican a vender en exclusiva todos estos accesorios para poder fabricar antenas).

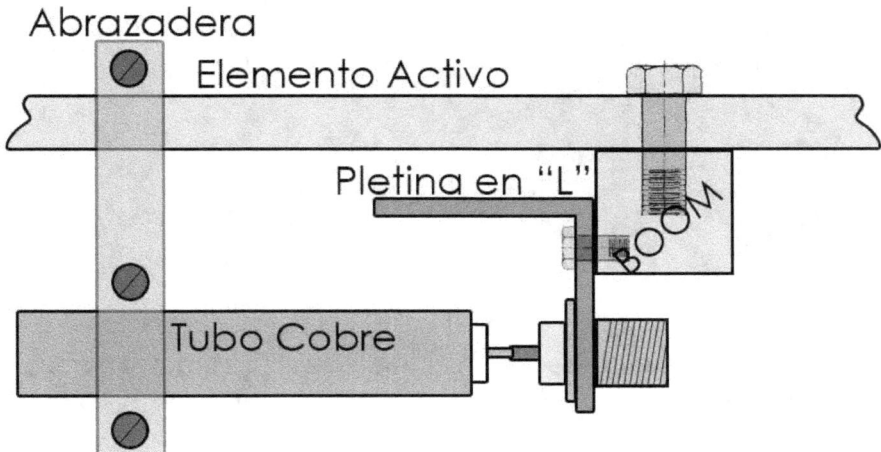

Miramos el esquema anterior y podemos observar el montaje a realizar con los distintos materiales.

Para la fabricación del boom os recomiendo un cuadradillo de aluminio de 1" (pulgada) por 1". Y para los elementos, tubo de aluminio de 8 milímetros de diámetro.

A todos ellos podremos ponerle unos tapones de plástico o sellarlos con cinta vulcanizante (Se puede estirar y cuando se pega a la que esté debajo queda sellada). O incluso con una pistola de cola caliente. Y lo digo para que no entre humedad en el tubo, ya que esto alteraría la eficiencia cuando existe humedad o llueve.

Aquí podemos ver el montaje realizado de la antena. El Gamma Match está hecho con tubo de aluminio, y quizás haya quedado demasiado justo, ya que la abrazadera casi no *pilla* el condensador.

Ahora, en el momento de montar la antena en algún soporte, tenemos que decidir si queremos hacerlo vertical u horizontalmente.

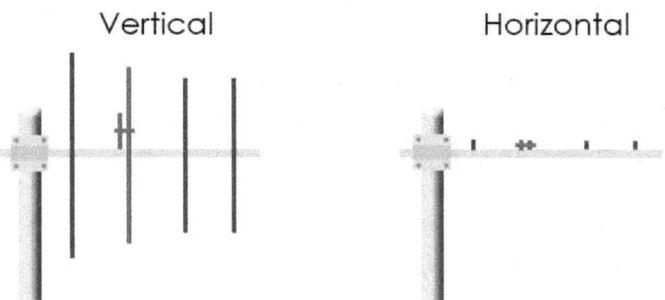

La primera opción nos será más eficaz si la utilizamos para comunicaciones locales, como por ejemplo, para apuntar hacia un repetidor y dejarla fija. En cambio, el montaje horizontal será más eficaz para el DX (Comunicaciones a larga distancia), que aunque estemos en la banda de 2 metros, pueden lograrse puntualmente buenos comunicados.

Además, si insertamos un rotor de antena, lograremos apuntarla en la dirección que deseemos desde nuestro cuarto de radio.

Rotores

Vamos a hablar brevemente sobre ellos, ya que nos permitirán aumentar la eficacia de nuestra antena Yagi haciendo que apunte hacia donde nosotros queramos.

Existen básicamente dos tipos en el mercado, los que giran el mástil horizontalmente (Azimut) y los que además lo hacer verticalmente (Elevación).

Ambos pueden controlarse desde el cuarto de radio mediante un mando específico, o incluso los hay que disponen de conexión al PC y así poder manejarlos con él también.

Una cosa que deberéis de decidir antes de adquirir uno, es el peso que puede soportar, ya que no es lo mismo girar una antena pequeña como la que acabamos de ver, que una multibanda de HF.

Y lo otro, que al final me olvido. Y es que los que nada más se mueven en azimut suelen usarse para el DX, pero en cambio los que disponen de elevación, su uso principal es la comunicación mediante satélites, rebote lunar o QSO's con la *Estación Espacial Internacional*.

En la imagen de aquí al lado podemos ver el modelo *G5500* de *Yaesu* con su caja de control.

Se trata de uno con elevación.

Dani Manchado

CAPÍTULO 15

Montando un Transceptor. El Kit MFT-40

Llegó el momento de poner en práctica todo aquello que hemos visto hasta ahora, y lo haremos montando nuestro primer transceptor (Las siglas de MFT no es más que *My First Transceiver*).

Se trata de un equipo en kit, es decir, no adquirimos una emisora para enchufar y comenzar a hacer DX, tenemos que currárnoslo un poco antes. Ya que lo que llegará en el paquete cuando lo pidamos será la placa de circuito impreso, un montón de componentes, e incluso, nuestros amiguetes los toroides vendrán listos para ser *hilados*.

Lo primero que haremos será describir su funcionamiento mediante su diagrama de bloques.

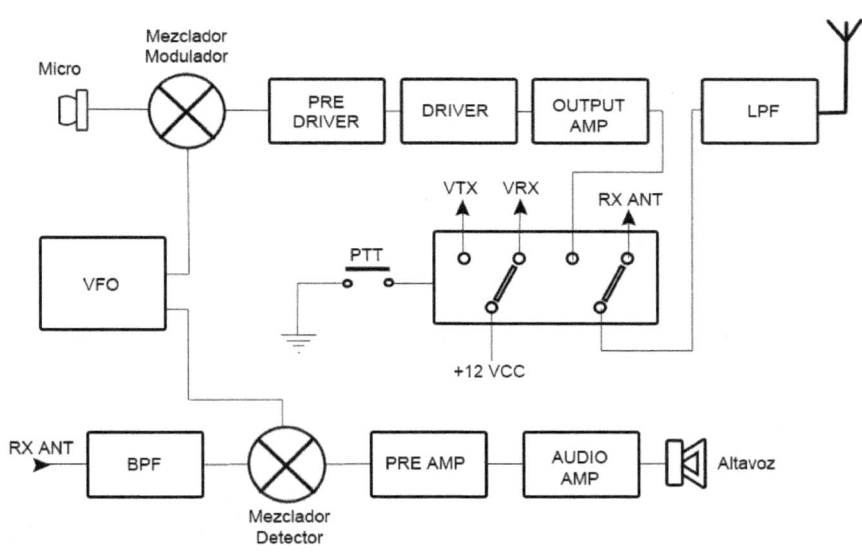

Que no es otro que este de aquí arriba. Ya hemos visto todo el funcionamiento con anterioridad, pero ahora lo tenemos presente al completo.

Imaginemos que tenemos el PTT pulsado, es decir, los contactos del relé estarán en la posición Normalmente

Abierto (Activo el contacto de tensión de transmisión, VTX, y la antena va hacia el Output Amp).

Lo primero que vemos es el micrófono desde el que hablaremos, que será su señal mezclada con la del VFO directamente, y como no hay frecuencia intermedia, tendremos a su salida una señal heterodina, es decir, de doble banda lateral.

Esa señal pasa a las distintas etapas de amplificación, por el relé y desde allí hasta el filtro paso bajo que derivará a la antena.

Pero en recepción, es decir, con el PTT sin pulsar, los contactos del relé estarán en la posición Normalmente Cerrado, es decir, tenemos una tensión de recepción (VRX) y la antena pasará desde el filtro paso bajo directamente al filtro paso banda en el que la mezclaremos con la frecuencia del VFO.

Como pasa lo mismo que en el caso de transmisión, no hay frecuencia intermedia, es decir, la señal recibida es de Conversión Directa.

Y nada, simplemente desde aquí la amplificamos en las dos etapas (Previo y amplificador) antes de escuchar nada por el altavoz.

¡Pues ya está! No hay nada de complicado en este montaje. Simplemente habremos de haber hecho caso a todo lo que fuimos exponiendo antes, y seguro que ahora no os cuesta nada entenderlo.

Venga, pues lo primero será ver lo que tenemos en el paquete que hemos adquirido.

Tenemos la placa de circuito impreso, un montón de resistencias, condensadores y componentes que ya conoces.

Vamos a fijarnos en el circuito impreso.

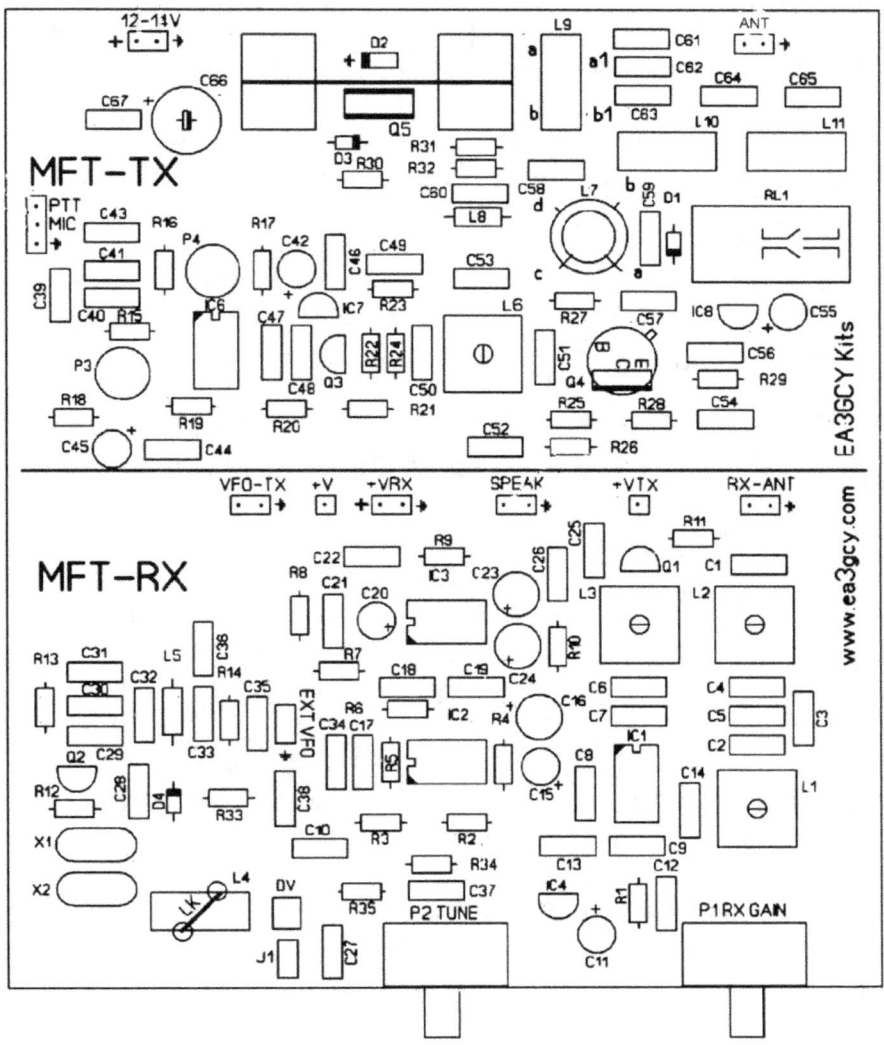

¿Vas enchufando el soldador mientras hablamos?

Al final del libro viene una completa lista de componentes que podremos fotocopiar, ya que nos ayudará mucho a identificarlos e ir tachando lo que vayamos estañando.

Por ejemplo, vamos a ver el comienzo de la misma, que además lo hace con las resistencias.

Resistors					
Checked	Ref.	Value	Ident./Comment	Circuit section	Located
	R1	22	red-red-black	RX mix	L-9/8
	R2	1K	brown-black-red	Audio filter & preamp	K-6

Nos dice que tenemos la R1 de 22Ω, su localización en la placa (Hay un mapa justo después) y además ¡Nos chiva los colores!

Pues nada, la buscamos entre las tropecientas que hay y la identificamos. Una vez encontrada, vamos al circuito impreso y buscamos su lugar.

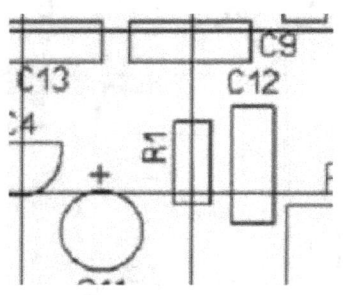

¡Ya está! Hemos encontrado su ubicación entre las cuadrículas L-9 y L-8.

Pues a aplicar lo aprendido. Insertaremos las patillas por los agujeros, y con cuidado las soldaremos a la placa.

¡Así de sencillo! Repetimos el proceso con el resto de resistencias, condensadores, diodos... bufff nos llevará un rato (O ratos).

¡Ah! Aquí viene una cosa que no habíamos visto, y es que los circuitos integrados tipo cucaracha no irán soldados a la placa, sino que serán insertados en unos zócalos que sí que lo están.

A otra cosa que deberemos de prestar mucha atención, es a los transformadores L7 y L9, ya que tendremos cuatro terminales y han de estar perfectamente insertados antes de soldar. Volved al capítulo en el que los vimos y bobinadlos bien.

L7 es el que tenemos aquí encima, L9 justo al comienzo de la siguiente página.

Otra cosa importante en el montaje (Si es que os da por lo leer el manual que viene en el kit), es que el diodo D2 ha de montarse separado de la placa un centímetro de alto.

Antes de soldar el transistor Q5, hemos de montarlo sobre el disipador de aluminio que viene preparado para él.
Recordad que debíamos de insertar un trocito de mica entre él y el radiador.

Una vez montado en la placa, deberíamos de ver algo así.

Fijaos bien, ya que el diodo BIAS (El D2), no deberá de tocar el disipador del transistor 2SC2078.

Otra cosa que se nos había quedado por el tintero es la fabricación de las bobinas L11 y L12, ambas usadas en el filtro paso bajo.

Para ello necesitaremos arrollar 16 espiras en cada uno de los toroides T37-2 de 9,5mm de diámetro exterior, 5,2 de interior, y 3,25 de alto (Son de color rojo).

Como siempre, limpiaremos las puntas de los terminales y así quedarán listas para soldar. Por ejemplo, han de quedaros dos bobinas como la siguiente.

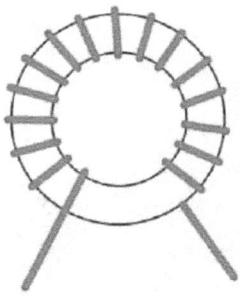 

Montaje del Equipo

Una vez que tenemos fijados todos los componentes de la placa... ¡Vamos a comprobarlos! Fijaos que todas las soldaduras estén bien hechas y que no haya componentes que queden *bailando* o estaño tocando varias pistas.

¿Ya está? Pues volved a comprobarlo. Nunca está de más gastar un tiempo en revisar un circuito ¡Quizás haya algo mal y quememos partes del circuito!

Yo os recomiendo montar la placa sobre tuercas específicas para ello, como por ejemplo las de la fotografía de aquí al lado.

Una vez hecho esto, todo puede ir montado en una caja por la que asomemos los controles, o añadirle incluso un interruptor general y un LED para indicar que se encuentra encendido.

Sería conveniente montar sobre la parte trasera un conector SO239 para la antena.

Un ejemplo del montaje final nos lo ofrece ON6UU en esta fotografía.

Ahora bien, vosotros podréis presentarlo como queráis, simplemente necesitamos que funcione y realizar muchos contactos por todo el mundo.

Vamos a ver las conexiones necesarias en esta imagen que nos presenta el manual.

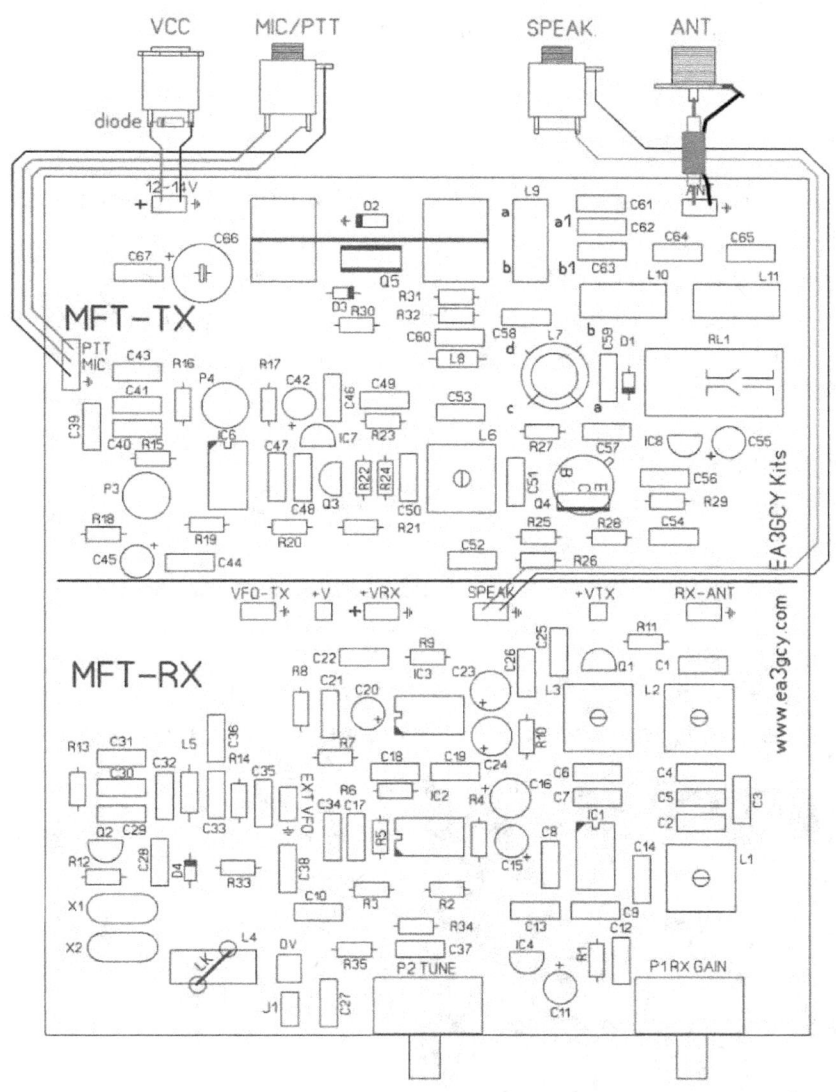

Realmente no tiene demasiada complicación. Simplemente hemos de llevar en todo momento correctamente los cables a su conector. Incluso puedes soltar los potenciómetros de la ganancia de antena y del VFO para sujetarlos en la parte frontal de la caja de montaje. Todo lo que añadas, será bienvenido.

Micrófono

Llegó la hora de fabricarnos nuestra pastilla... vamos, el micrófono de mano.

Para ello deberemos de tener tres hilos que nos salen de la placa. Uno para PTT, que si se une a masa, el equipo comenzará a transmitir. Otro que conectará con el micrófono, y que también retornará a masa, y por último, pues el GND (Es para no repetirme con masa... ¡Chachis!)

El circuito de conexión es este que está a la derecha.

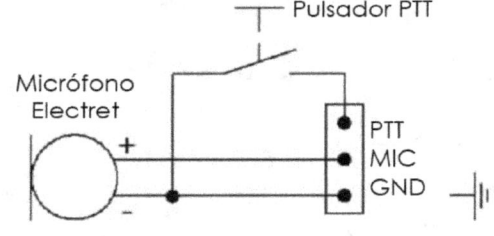

Lo habitual, y mejor, es que empleéis cable coaxial entre el micro y la placa, así evitaremos que malas ondas entren en el circuito de audio.

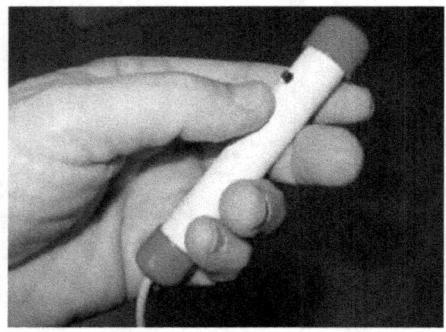

Un curioso y práctico micrófono de mano es este de aquí al lado. Puede fabricarse con un tubo de chocolatinas (De las que nos comimos cuando soldábamos).

Ajuste

Antes de comenzar a buscar las entidades más extrañas a las 3 de la mañana, es importante tener bien ajustado el equipo para tener más posibilidades (De DX).

Lo primero es tener un destornillador fino (A ser posible de plástico), lo conectamos todo y acercamos la nariz a la placa para cerciorarnos de que nada se quema ¿Listos?

Pondremos los potenciómetros P1, P3 y P4 a mitad de su recorrido. Encendemos, y giramos hacia la derecha el P1 (Ganancia de antena). Si todo ha ido bien deberíamos de escuchar ruidos por el altavoz.

Dejamos encendido el equipo unos 5 ó 10 minutos para que la temperatura se estabilice y así no nos afecte en los condensadores (Si es el caso, pero casi es mejor esperar).

Ahora con el destornillador nos vamos a L1, L2 y L3 del filtro paso banda, e iremos girándolos en el este orden hasta obtener el máximo ruido en el altavoz (Cuidado con el núcleo de las bobinas, es muy frágil).

Para el siguiente paso necesitaremos un medidor de potencia, aunque también serviría un medidor de ROE con un poco de descompensación en la antena (Poco, he dicho poco).

Ponemos el equipo en transmisión y silbamos en el micrófono, según lo hagamos, la aguja del medidor variará. Pues bien, giramos L4, el transformador del Pre-Driver, hasta que la aguja marque el máximo. Ahora el equipo está emitiendo con el máximo de potencia posible.

Vamos a ajustar ahora la supresión de portadora, pero aquí hace falta un aparato de esos que había nombrado hace unos capítulos: El osciloscopio. En el caso de no tener, no pasa nada, simplemente dejad P4 a mitad de su recorrido.

Si por un casual tenéis osciloscopio ¿Qué hacéis leyendo este libro? Es broma... deberemos de ajustarlo hasta que mida el mínimo de portadora.

P3 normalmente está ajustado bien en su mitad, pero aquí ya necesitaréis realizar un comunicado con alguien para que pueda valorar vuestra voz cuando la recibe. Cuanto más a la izquierda esté girado, menos ganancia de micrófono tendréis.

Pues nada... simplemente queda ponernos a disfrutar de nuestro nuevo transceptor auto-construido (No se te olvide esta palabra cuando te reúnas con tus colegas radioaficionados).

¡A disfrutar!

Dani Manchado

ANEXO 1
Valores estándar de resistencias y condensadores

Colores	Valor (2 bandas)	Multip. Negro	Multip. Marrón	Multip. Oro
Marrón-Negro	10	10	100	1.0
Marrón-Rojo	12	12	120	1.2
Marrón-Verde	15	15	150	1.5
Marrón-Gris	18	18	180	1.8
Rojo-Rojo	22	22	220	2.2
Rojo-Violeta	27	27	270	2.7
Naranja-Naranja	33	33	330	3.3
Naranja-Blanco	39	39	390	3.9
Amarillo-Violeta	47	47	470	4.7
Verde-Azul	56	56	560	5.6
Azul-Gris	68	68	680	6.8
Gris-Rojo	82	82	820	8.2
Blanco-Negro	91	91	910	9.1

Se ha añadido aquí el multiplicador Oro que antes no se había explicado, ya que no añade ceros, sino lo que hace es dividir entre diez el valor dado por las dos primeras bandas.

El resto de multiplicadores sería ir añadiendo ceros tal como muestran las columnas Negro y Marrón con ningún cero y con uno.

Para los condensadores se emplean del mismo modo estos valores, pero como ya os había comentado con anterioridad, ellos lo traen marcado mediante números.

Resistencias de Cinco Bandas

A veces hace falta un poco más de precisión en las resistencias que usemos, para ello se diseñaron estas otras que nos dan un valor inicial con 3 bandas, no con 2 como las que ya habíamos visto.

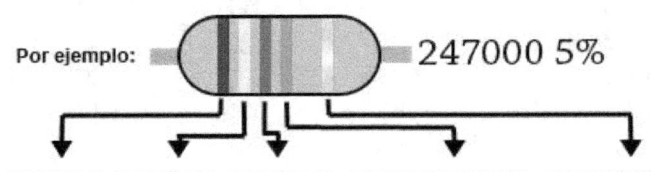

Por ejemplo: 247000 5%

COLOR	BANDA 1	BANDA 2	BANDA 3	MULTIPLICADOR	TOLERANCIA
NEGRO	0	0	0	x 1Ω	
MARRON	1	1	1	x 10Ω	±1%
ROJO	2	2	2	x 100Ω	±2%
NARANJA	3	3	3	x 1KΩ	
AMARILLO	4	4	4	x 10KΩ	
VERDE	5	5	5	x 100KΩ	±0,5%
AZUL	6	6	6	x 1MΩ	±0,25%
VIOLETA	7	7	7	x 10MΩ	±0,10%
GRIS	8	8	8		±0,05%
BLANCO	9	9	9		
DORADO				x 0,1Ω	± 5%
PLATEADO				x 0,01Ω	± 10%

Dani Manchado

ANEXO 2

Esquema y componentes Kit MFT-40

Dani Manchado

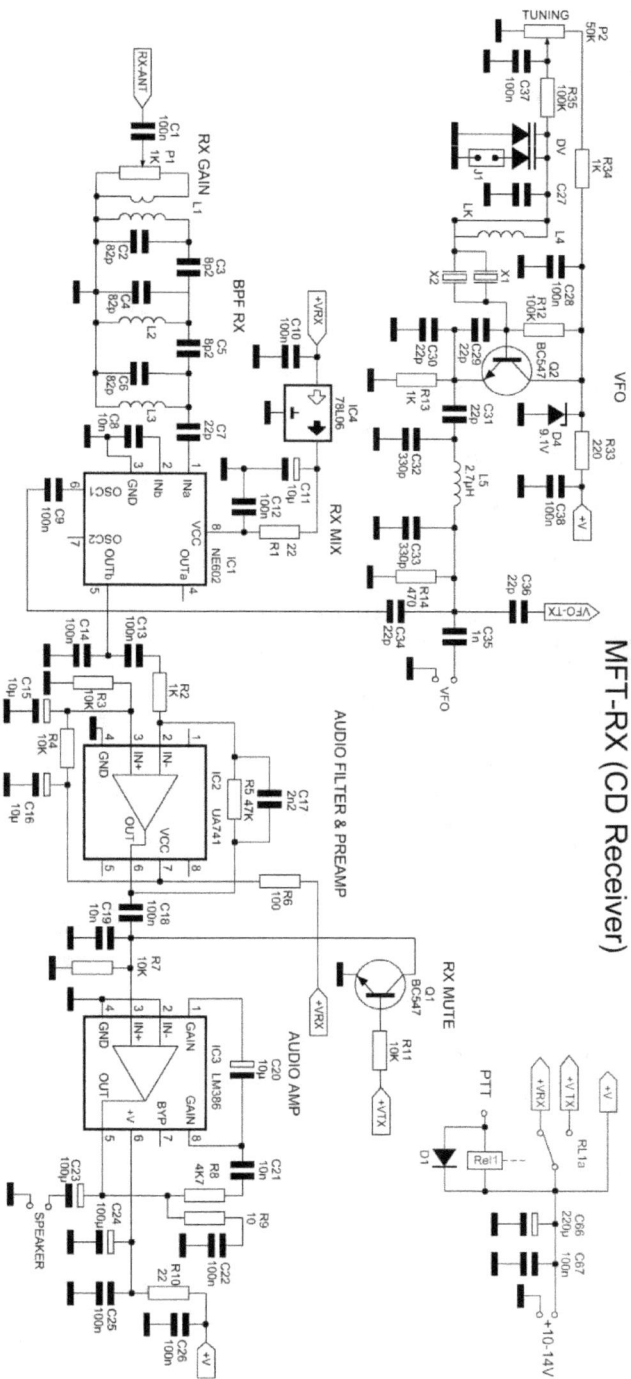

MFT-RX (CD Receiver)

Electrónica y Radio para Principiantes (Y Curiosos)

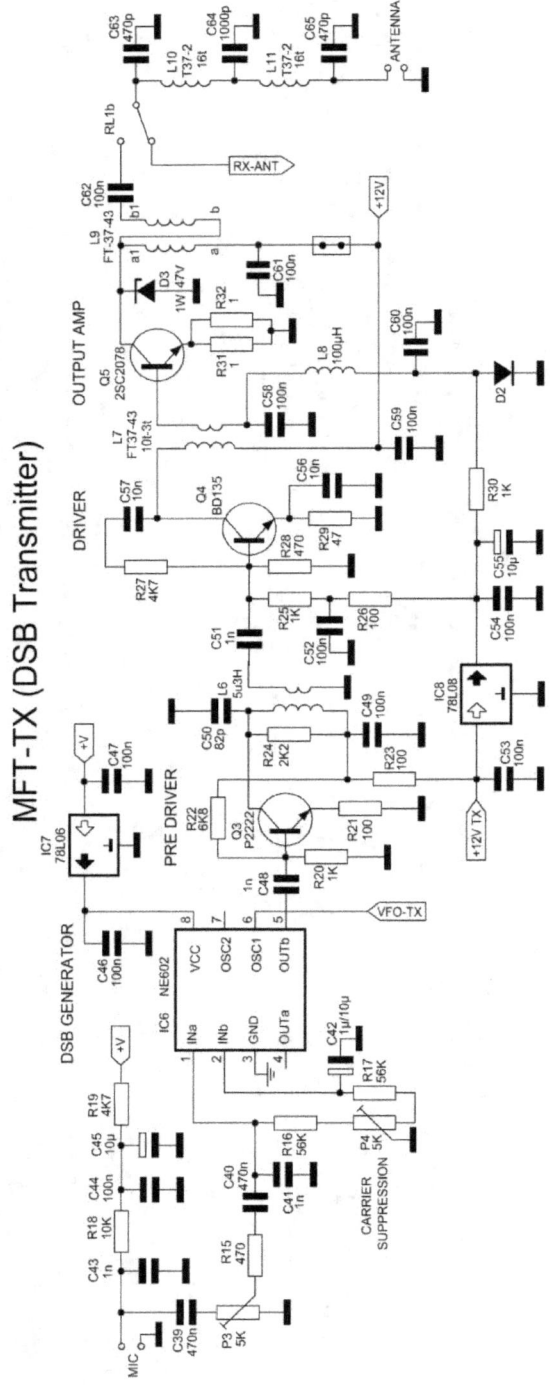

Resistencias

Comp.	Ref.	Valor	Identificación	Cuadro
	R1	22	rojo-rojo-negro	L-9/8
	R2	1K	marrón-negro-rojo	K-6
	R3	10K	marrón-negro-naranja	K-5
	R4	10K	marrón-negro-naranja	J/K-7
	R5	47K	amarillo-violeta-naranja	J/K-5
	R6	100	marrón-negro-marrón	J-5/6
	R7	10K	marrón-negro-naranja	I-5
	R8	4K7	amarillo-violeta-rojo	H/I-4
	R9	10	marrón-negro-negro	H-6
	R10	22	rojo-rojo-negro	I-7/8
	R11	10K	marrón-negro-naranja	G/H-9
	R12	100K	marrón-negro-amarillo	K-1
	R13	1K	marrón-negro-rojo	J-1
	R14	470	amarillo-violeta-marrón	J-3
	R15	470	amarillo-violeta-marrón	E-2
	R16	56K	verde-azul-naranja	D-2
	R17	56K	verde-azul-naranja	D-4
	R18	10K	marrón-negro-naranja	F-1
	R19	4K7	amarillo-violeta-rojo	F-3
	R20	1K	marrón-negro-rojo	F-4
	R21	100	marrón-negro-marrón	F-5
	R22	6K8	azul-gris-rojo	E-5
	R23	100	marrón-negro-marrón	D-5
	R24	4K7	amarillo-violeta-rojo	E-5
	R25	1K	marrón-negro-rojo	F-8
	R26	100	marrón-negro-marrón	F-8
	R27	4K7	amarillo-violeta-rojo	D-8
	R28	470	amarillo-violeta-marrón	F-9
	R29	47	amarillo-violeta-negro	E-10
	R30	1K	marrón-negro-rojo	C-5
	R31	1	marrón-negro-oro	B-6/7
	R32	1	marrón-negro-oro	C-6/7
	R33	220	rojo-rojo-marrón	K3
	R34	1K	marrón-negro-rojo	L6
	R35	100K	marrón-negro-amarillo	L5
	P1	1K	RX-GAIN Potentiometer	M-10
	P2	50K	TUNE Potentiometer	M-6
	P3	5K	502 ó 53E ajustable	E-2
	P4	5K	502 ó 53E ajustable	D-3

Condensadores

Comp.	Ref.	Valor	Identificación	Cuadro
	C1	100n	104 ó 0.1	H-10
	C2	82p	82 ó 82J	J-10
	C3	8p2	8p2 ó 8.2p	J-11
	C4	82p	82 ó 82J	I/J-10
	C5	8p2	8p2 ó 8.2p	J-10
	C6	82p	82 ó 82J	J-8/9
	C7	22p	22 ó 22J	J-8/9
	C8	100n	104 ó 0.1	K-8
	C9	100n	104 ó 0.1	L-8/9
	C10	100n	104 ó 0.1	L-4/5
	C11	10uF	10uF electrolítico	M-8
	C12	100n	104 ó 0.1	L-9
	C13	100n	104 ó 0.1	L-8
	C14	100n	104 ó 0.1	K-9
	C15	10uF	10uF electrolítico	K-7
	C16	10uF	10uF electrolítico	J-7
	C17	2n2	222 ó 222K ó .0022	J/K-5
	C18	100n	104 ó 0.1	I-5/6
	C19	10n	103 ó 0.01	I-6/7
	C20	10uF	10uF electrolítico	I-5
	C21	10n	103 ó 0.01	I-5
	C22	100n	104 ó 0.1	H-5
	C23	100uF	100uF electrolítico	H-7
	C24	100uF	100uF electrolítico	I-7
	C25	100n	104 ó 0.1	H-8
	C26	100n	104 ó 0.1	H-7/8
	C27	No usado	---	M/L-4
	C28	100n	104 ó 0.1	K-2
	C29	22p	22 ó 22J	J-1/2
	C30	22p	22 ó 22J	J-1/2
	C31	22p	22 ó 22J	I-1/2
	C32	330p	n33 ó 331 ó 331J(K)	J-2
	C33	330p	n33 ó 331 ó 331J(K)	J-3
	C34	22p	22P, 22pK ó 22J	J/K-5
	C35	1n	102 ó 0.001	J-4
	C36	22p	22P, 22pK ó 22J	I-4
	C37	100n	104 ó 0.1	L-6
	C38	100n	104 ó 0.1	K-4
	C39	470n	474 ó 470K	D-1
	C40	470n	474 ó 470K	D-2
	C41	1n	102 ó 0.001	D-2
	C42	10uF	10uF electrolítico	D-4
	C43	1n	102 ó 0.001	C-2
	C44	100n	104 ó 0.1	F-2/3

		C45	10uF	10uF electrolítico	F-2
		C46	100n	104 ó 0.1	D-5
		C47	100n	104 ó 0.1	E-4
		C48	1n	102 ó 0.001	E-4
		C49	100n	104 ó 0.1	D-5/6
		C50	82p	82 ó 82p ó 82J	E-6
		C51	1n	102 ó 0.001	E-7
		C52	100n	104 ó 0.1	F-7
		C53	100n	104 ó 0.1	D-6/7
		C54	100n	104 ó 0.1	F-10
		C55	10uF	10uF electrolítico	D/E-10/11
		C56	10n	103 ó 0.01	E-9/10
		C57	10n	103 ó 0.01	D-9
		C58	100n	104 ó 0.1	C-7/8
		C59	100n	104 ó 0.1	C/D-9
		C60	100n	104 ó 0.1	C-6/7
		C61	100n	104 ó 0.1	A-8/9
		C62	100n	104 ó 0.1	A-8/9
		C63	470p poly	470	B-8/9
		C64	1000p poly	1000 ó 1n	B-10
		C65	470p poly	470	B-11
		C66	220uF	220uF electrolítico	B-3
		C67	100n	104 ó 0.1	B-2

Cristales

Comp.	Ref.	Frecuencia	Cuadro
	X1	7.200 KHz	K/L-1/2
	X2		L-1/2

Semiconductores

Comp.	Ref.	Tipo	Identificación	Cuadro
Transistores				
	Q1	BC547	BC547	H-8/9
	Q2	BC547	BC547	K-1
	Q3	P2222	PN2222	E-5
	Q4	BD135	BD135	E-8
	Q5	2SC2078	2SC2078	B-5
Circuitos Integrados				
	IC1	SA/NE602	SA602AN NE602AN	K-8/9
	IC2	LM741	LM741CN ó UA741	J/K-6
	IC3	LM386	LM386N-1	I-6
	IC4	78L06	MC78L06	L-7/8
	IC6	SA/NE602	SA602AN NE602AN	E-3
	IC7	78L06	MC78L06	D-4/5
	IC8	78L08	MC78L08	D/E-10
Diodos				
	D1	1N4148	4148	C/D-9
	D2	1N4007 o 4001	1N4007(1)	A-5
	D3	Zener 47V 1W	BZX85C47	B-5
	D4	Zener 9.1V	9V1	K-3
	DV	SVC236	Varicap diodo SMD	M-3

Bobinas / Transformadores de RF / Relé

Comp.	Ref.	Valor/Tipo	Identificación	Cuadro
	L1	KANK3334 (5u3H)	K3334 ó 5u3H	K-10
	L2	KANK3334 (5u3H)	K3334 ó 5u3H	I-10
	L3	KANK3334 (5u3H)	K3334 ó 5u3H	I-8/9
	L4	Not used	--	L3
	L5	2,7uH axial inductor	Rojo Violeta Oro	J-2/3
	L6	KANK3334 (5u3H)	K3334 ó 5u3H	E-6/7
	L7	FT37-43	toroide 10e – 3e	C/D-8
	L8	100uH axial inductor	Marr Negro Marr	C-6/7
	L9	FT37-43	toroide 8+8	A/B-7/8
	L10	T37-2	Ver texto	B-9
	L11	T37-2	Ver texto	B-10/11
	RL1	DC12V Relay	--	C/D-10/11

Mapa de Componentes

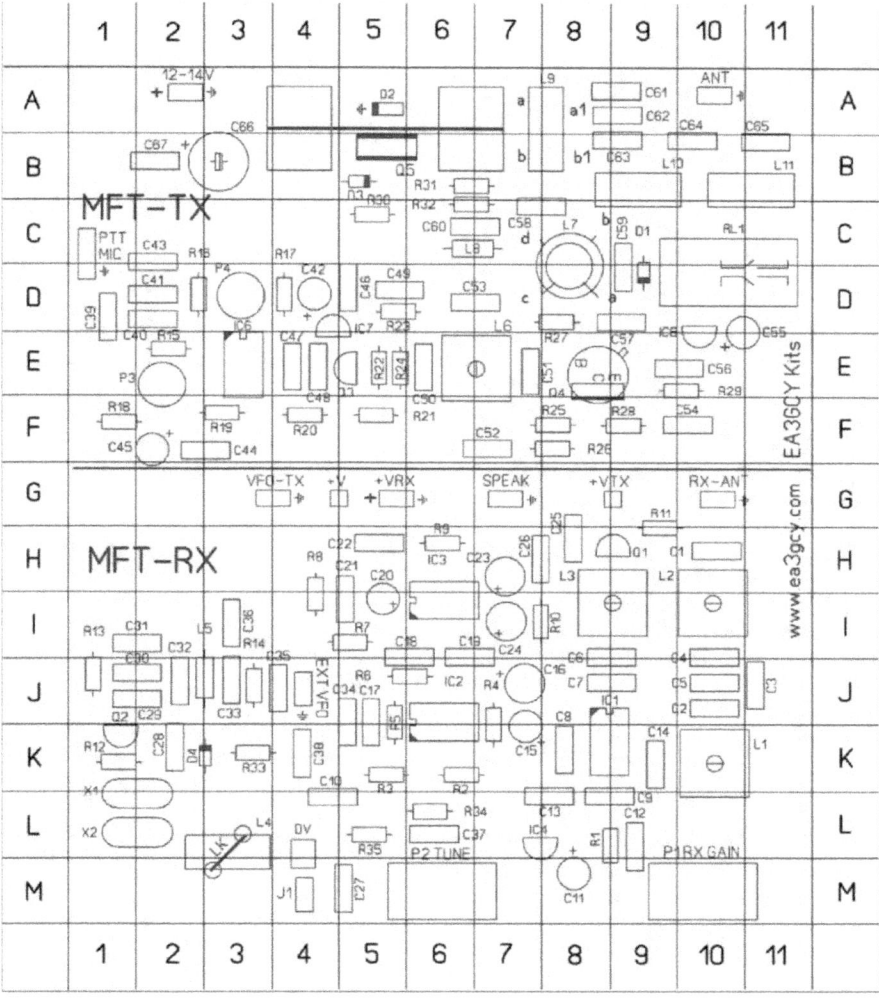

Electrónica y Radio para Principiantes (Y Curiosos)

Índice Completo

Introducción	10
1 – Antes de hacer o leer nada	14
2 – Nociones sobre electricidad y corriente continua.	18
Pero... ¿Qué es la electricidad?	19
¡Átomo!	19
Síguele la corriente, la corriente eléctrica	20
Corriente Continua	21
Intensidad	22
Resistencia	23
Voltaje, tensión o diferencia de potencial	24
Medidas eléctricas	24
Nuestro primer circuito	25
La Ley de Ohm	27
Medir tensiones e intensidad	30
3 – Nuestras amigas las resistencias	34
Leer resistencias	35
Medir resistencias	36
La tolerancia	38
Colocando resistencias una detrás de otra (En Serie)	39
Colocándolas una al lado de otra (En Paralelo)	40
Más Ley de Ohm	43
Vamos a montar unos circuitillos	46
4 – Alternando la corriente... Corriente Alterna	50
Frecuencia	53
Tensiones y valores	56
5 – Mis colegas los condensadores	60
Asociación de Condensadores	64
Reactancia Capacitiva	67
Condensadores Electrolíticos	70
6 – Enrollándonos con las bobinas	74
Reactancia Inductiva	77
Diseño de bobinas	79
Transformadores	82
Impedancias	85
7 – Los casi conductores, bueno, Semiconductores	86
Diodos	88
Transistores	92
Corte y Saturación	95
Amplificación y Atenuación	96
Circuitos Integrados	99
8 - ¡Vamos a comer! La Fuente de Alimentación	102

Potencia eléctrica	104
Elección de los componentes para una FA	106
Rectificadores	107
Filtrado de la Corriente Pulsante	112
Estabilizadores	115
9 – Estaño, soldador y plaquillas	122
Diseño de un circuito impreso	125
Fabricación con rotulador	129
Fabricación con tóner	130
Atacado de la placa	131
Soldando componentes	134
10 – Diodinos, diodetes y más diodos	140
El diodo LED	141
Diodo Zener	142
Diodo Varicap	145
11 – Los que van de un lado a otro, Osciladores.	148
Oscilador con transistor	151
Condensadores Variables	154
El cristal de cuarzo	157
Osciladores con Varactor	162
Osciladores integrados	165
12 – DeeJay Mixers… Mezcladores	170
Filtros	171
Filtro Paso Bajo	172
Filtro Paso Alto	174
Filtro Paso Banda	175
Filtros Piezoeléctricos	176
Mezcladores	178
Mezclador NE/SA6x2	180
Superheterodino	183
13 – Mejorando nuestros equipos	188
El Relé	189
Transceptor Multibanda	192
Ejemplos de Diseño de Filtros	194
Amplificadores de Audio	201
Amplificadores de Salida de RF	205
Los DDS	212
14 – Nos hacemos antenistas	214
Longitud de Onda	217
Dipolo de Media Onda	219
Relación de Ondas Estacionarias	222
El Balun 1:1	226
Acopladores de Antena	229
Antena Carolina Windom	234

Antena de Hilo Largo	238
Antena Yagi-Uda	241
Rotores	246
15 – Montando un transceptor. EL Kit MFT-40	248
Montaje del equipo	250
Micrófono	255
Ajuste	260

Anexo 1
Valores estándar de resistencias y condensadores   262

Anexo 2
Esquema y componentes Kit MFT-40   266

Índice Completo   275

www.ingramcontent.com/pod-product-compliance
Lightning Source LLC
Chambersburg PA
CBHW070618220526
45466CB00001B/44